普通高等教育"十二五"规划教材

大学物理实验——提高篇

主　编　朱世坤

副主编　聂宜珍

参　编　杨先卫　沈金洲

　　　　辛旭平　杜晓超　熊　伟

机 械 工 业 出 版 社

本书共分三章，含有三十二个实验。主要包括第一章物理实验素质提高、第二章工程技术素质提高、第三章物理与技术结合，书末附有附录供学生参考用。

本书为各专业的普及课程，各学校可根据自己的实验条件选择实验项目，适用于理、工、医、农、商等各学科专业。

图书在版编目（CIP）数据

大学物理实验. 提高篇/朱世坤主编. —北京：
机械工业出版社，2014.1（2016.1重印）
普通高等教育"十二五"规划教材
ISBN 978－7－111－45309－3

Ⅰ.①大…　Ⅱ.①朱…　Ⅲ.①物理学－实验－高等学校
－教材　Ⅳ.①O4－33

中国版本图书馆 CIP 数据核字（2013）第 315545 号

机械工业出版社（北京市百万庄大街 22 号　邮政编码 100037）
策划编辑：张金奎　责任编辑：张金奎　任正一
版式设计：霍永明　责任校对：任秀丽
封面设计：张　静　责任印制：张　楠
保定市中画美凯印刷有限公司印刷
2016 年 1 月第 1 版·第 4 次印刷
184mm×260mm·10.25 印张·232 千字
标准书号：ISBN 978－7－111－45309－3
定价：22.00 元

前　言

为适应我国科技、经济和社会发展的需要，必须积极探索高素质人才培养的规律。如何培养具有创新意识、创新精神和创新能力的人才，已成为高等教育的紧迫任务。物理实验是高校理、工科学生必修的、重要的基础课程，它在培养学生的素质和能力方面占有十分重要的地位。如何面对新的形势，在物理实验教学中创造有利的环境和条件，重视学生的创新意识和创新能力的培养，是进一步深化物理实验教学改革的重要课题。

近年来，我们以三峡大学省级物理实验示范中心的成立为契机，努力探索以培养创新人才为目标的课程体系，并积极开展教学内容和教学方法的改革，确立了"精选基础，加强提高，理工渗透，探索创新"的课程体系改革原则，重组实验课程结构，确立了新的大学物理实验课程体系，在此基础上编写了这套《大学物理实验——基础篇》和《大学物理实验——提高篇》改革教材。

"基础篇"定位为基础性物理实验，主要是关于仪器的使用、基本量测量、基本实验技能的训练和基本实验方法的学习等，涉及力学、热学、电磁学、光学、近代物理实验的一些基本实验技能和基本知识点，适用于理、工、医、农、商等各学科的学生，为各专业普及性课程。

"提高篇"定位为提高性实验，分别从物理实验素质提高、工程技术素质提高和物理与技术结合三个方面安排实验项目，适用于对数理知识和技能要求相对较高的理工专业的学生。

在本套教材出版之际，要特别感谢三峡大学物理实验示范中心的所有老师，这套教材是大家共同智慧的结晶，是三峡大学几十年物理实验教学经验的总结，更是这几年教学改革成果的体现。本套具有创新体系的实验教材，其编者都是在教学第一线工作的、具有丰富经验的教师，大家集体讨论教材编写方案，以协商分工、个人执笔的方式完成书稿，各部分撰写人的名单附在各自撰写部分之后。尽管一些老师未能直接参与教材的编写，但教材中也有他们多年的劳动和奉献。新实验体系在三峡大学经过多年教学实践的考验，不断完善，形成了符合学生实际情况的实验教学特色。

本套教材的出版得到了湖北教学名师冯笙琴教授的关心和支持，他对教材提出了许多指导性的建议和意见，使我们深受启迪，在此对他表示深深的谢意！

由于我们水平有限，书中难免存在疏漏及谬误之处，真诚欢迎使用本书的各位读者提出宝贵意见。

编者

于三峡大学理学院

目　录

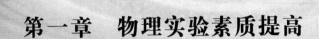

第一章 物理实验素质提高

通过大学物理实验—基础篇的学习，学生初步掌握了物理实验的基本知识、基本技能和基本方法，接受了科学实验的初步训练。本章的教学目的是力图使学生的物理实验素质得到进一步的提高，为以后更高层次的学习奠定基础。

学习本章内容，学生要以实验设计者的角度去钻研、领会、审视各实验原理；比较、选择科学合理的实验方法；根据测量要求，合理选配测量仪器和实验装置；筛选出最佳测量条件，确定最佳实验参数；提出实验方案。

要达到这一目的，教学计划应遵循学生认识事物的规律，循序渐进，由浅入深，从感性到理性。第一阶段，学生在老师的指导下，认真地剖析每一个实验，分析每个实验如何建立物理模型，如何处理间接量与直接量的关系，如何回避不易测量的量，怎样减小测量结果的不确定度等。第二阶段，在实验过程中引导学生认真地观察实验现象，仔细测量实验数据，不要轻易放过异常现象和异常数据，要查明原因并得出合理的解释，培养学生发现问题、分析问题和解决问题的能力。

在此基础上，适当安排知识深度恰当、难度适中的实验项目让学生进行初步的设计，提出符合实验要求的实验方案，并将方案付诸实施，让学生学习实验、研究实验、亲手做实验，系统地学习实验知识，锻炼实验能力，提高物理实验素质。

实验一　RLC 电路暂态过程的研究

RLC 电路的暂态特性的实际工作中十分重要，例如，在脉冲电路中经常遇到元件的开关特性和电容充放电的问题；在电子技术中常利用暂态特性来改善波形或是产生特定波形。在某些情况下，暂态特性也会造成危害，例如，在接通、切断电源的瞬间，暂态特性会引起电路中电流、电压过大，造成电器设备和元器件的损坏，这是需要防止的。

一、实验目的

（1）观察 RC, RL 电路的暂态过程，理解电容、电感特性及时间常数 τ 的物理意义。

（2）观察 RLC 串联电路的暂态过程，理解阻尼振动规律。

二、实验原理

电压由一个值跳变到另一个值时称为"阶跃电压"，如图 1-1 所示。在阶跃电压作用下，RLC 串联电路由一个平衡态跳变到另一个平衡态，这一转变过程称为**暂态过程**。在此期间电路中的电流、电容及电感上的电压呈现出规律性的变化，称为**暂态特性**。这一过程主要由电容、电感的特性所决定。在实验中观察分析 *RLC* 串联电路暂态过程中电压及电流的变化规律。

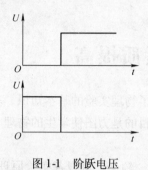

图 1-1 阶跃电压

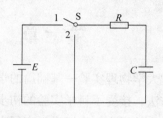

图 1-2 *RC* 电路的暂态过程电路图

1. *RC* 电路的暂态过程

电路如图 1-2 所示，当开关 S 合向"1"时，直流电源 *E* 通过 *R* 对电容 *C* 充电；在电容 *C* 充电后，把开关 S 从"1"合向"2"，电容 *C* 将通过 *R* 放电。根据基尔霍夫电压定律，分别得出充电和放电过程的方程为

$$\begin{cases} 充电过程 \quad U_C + iR = E \\ 放电过程 \quad U_C + iR = 0 \end{cases} \tag{1-1}$$

将 $i = C\dfrac{\mathrm{d}U_C}{\mathrm{d}t}$ 代入式（1-1），得

$$\begin{cases} 充电过程 \quad \dfrac{\mathrm{d}U_C}{\mathrm{d}t} + \dfrac{1}{RC}U_C = \dfrac{E}{RC} \quad (t=0\ 时, U_C = 0) \end{cases} \tag{1-2}$$

$$\begin{cases} 放电过程 \quad \dfrac{\mathrm{d}U_C}{\mathrm{d}t} + \dfrac{1}{RC}U_C = 0 \quad (t=0\ 时, U_C = E) \end{cases} \tag{1-3}$$

方程的解分别为

充电过程

$$\begin{cases} U_C = E\left(1 - \mathrm{e}^{-\frac{t}{RC}}\right) \\ i = \dfrac{E}{R}\mathrm{e}^{-\frac{t}{RC}} \quad 或 \quad U_R = E\mathrm{e}^{-\frac{t}{RC}} \end{cases} \tag{1-4}$$

放电过程

$$\begin{cases} U_C = E\mathrm{e}^{-\frac{t}{RC}} \\ i = -\dfrac{E}{R}\mathrm{e}^{-\frac{t}{RC}} \quad 或 \quad U_R = -E\mathrm{e}^{-\frac{t}{RC}} \end{cases} \tag{1-5}$$

由上述公式可知，在充电过程中，U_C 和 i 均按指数规律变化，充电时 U_C 逐渐加大，放电时则逐渐减小。式（1-5）中电流的负号表示放电过程的电流方向与充电过程相反。

实验中，可通过 U_R 来观察 i 的变化。U_C 和 U_R 随时间变化的曲线如图 1-3 所示。在阶跃电压作用下，U_C 不是跃变，而是渐变接近新的平衡数值，其原因在于电容 *C* 是储能元件，在暂态过程中能量不能跃变。

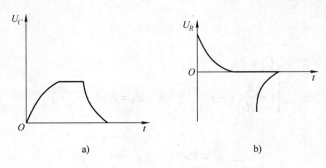

图 1-3 U_C 和 U_R 随时间变化的曲线图

在充电瞬间，充电电流 i 非常大，这是因为 $i = \dfrac{C\mathrm{d}U_C}{\mathrm{d}t}$，但同时 i 的变化也要受到电阻 R 的制约，不可能无限大，它由下式决定：

$$i = \frac{U_R}{R} = \frac{E - U_C}{R} \tag{1-6}$$

令 $\tau = RC$，τ 称为 RC 电路的时间常数。在式（1-5）中，当 $t = \tau = RC$ 时，有

$$U_C = E\mathrm{e}^{-1} = 0.368E \tag{1-7}$$

可见，τ 表示放电过程中 U_C 由 E 衰减到 E 的 36.8% 所需的时间。τ 值越大，U_C 变化越慢，即电容（充）放电进行得越慢。图 1-4 给出了不同 τ 值的 U_C 衰减曲线。一般认为 $t = 5\tau$ 时，基本达到新的稳定态，这时 $U_C = E\mathrm{e}^{-5} = 0.007E$。

通过时间常数 τ，电压 u_C 和时间 t 以及 R，C 数值之间建立了对应关系。根据这一特性可制成延时电路。该电路在实际中有广泛应用，例如用于自动熄灭的节能灯。

2. *RL* 电路的暂态过程

电路如图 1-5 所示，当开关 S 合向"1"时，电路中有电流 i 流过，但由于通过电感的电流不能突变，电流 i 的增长有一个相应的变化过程。同理，当开关 S 从"1"合向"2"时，i 也不会骤然降至零，而只会逐渐消失。

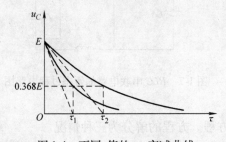

图 1-4 不同 τ 值的 u_C 衰减曲线

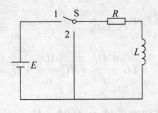

图 1-5 *RL* 电路的暂态过程电路图

方程为

$$\begin{cases} \text{电流增长过程} \quad L\dfrac{\mathrm{d}i}{\mathrm{d}t} + iR = E \quad (t = 0 \text{ 时}, i = 0) & (1\text{-}8) \\[3mm] \text{电流消失过程} \quad L\dfrac{\mathrm{d}i}{\mathrm{d}t} + iR = 0 \quad \left(t = 0 \text{ 时}, i = \dfrac{E}{R}\right) & (1\text{-}9) \end{cases}$$

方程的解分别为

电流增长过程

$$
\begin{cases}
U_L = E\mathrm{e}^{-\frac{tR}{L}} \\
i = \dfrac{E}{R}(1 - \mathrm{e}^{-\frac{tR}{L}}) \quad 或 \quad u_R = E(1 - \mathrm{e}^{-\frac{tR}{L}})
\end{cases}
\tag{1-10}
$$

电流消失过程

$$
\begin{cases}
u_L = -E\mathrm{e}^{-\frac{tR}{L}} \\
i = \dfrac{E}{R}\mathrm{e}^{-\frac{tR}{L}} \quad 或 \quad u_R = E\mathrm{e}^{-\frac{tR}{L}}
\end{cases}
\tag{1-11}
$$

可见，不论是电流增长过程还是电流消失过程，U_R 和 U_L 都是按指数规律变化，电路的时间常数 $\tau = L/R$。图1-6a、b 分别画出了电流增长和电流消失两个过程的 $U_L - t$ 和 $U_R - t$ 曲线图形。

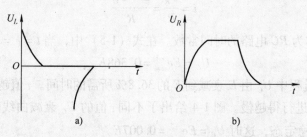

a)   b)

图1-6 $U_L - t$ 和 $U_R - t$ 曲线图

3. RLC 串联电路的暂态过程

电路如图1-7所示。开关 S 合向"1"使电容充电至 E，然后把 S 合向"2"，电容在闭合的 RLC 电路中放电。此时，电路方程为

$$
L\frac{\mathrm{d}i}{\mathrm{d}t} + Ri + U_C = 0
$$

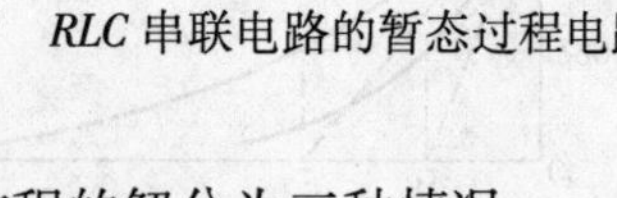

将 $i = \dfrac{C\mathrm{d}U_C}{\mathrm{d}t}$ 代入上式，得

$$
LC\frac{\mathrm{d}^2 U_C}{\mathrm{d}t^2} + RC\frac{\mathrm{d}U_C}{\mathrm{d}t} + U_C = 0
\tag{1-12}
$$

图1-7 RLC 串联电路的暂态过程电路图

根据初始条件 $t = 0$ 时，$U_C = E$，$\dfrac{\mathrm{d}U_C}{\mathrm{d}t} = 0$，解方程。方程的解分为三种情况。

（1）$R^2 < \dfrac{4L}{C}$ 属于阻尼较小的情况，其解为

$$
U_C = \sqrt{\frac{4L}{4L - R^2 C}} E\mathrm{e}^{-\frac{t}{\tau}}\cos(\omega t + \varphi)
\tag{1-13}
$$

式中，时间常数为

$$\tau = \frac{2L}{R} \tag{1-14}$$

衰减振动的角频率为

$$\omega = \frac{1}{\sqrt{LC}}\sqrt{1 - \frac{R^2 C}{4L}} \tag{1-15}$$

U_C 随时间变化的规律如图 1-8 中曲线 Ⅰ 所示，即阻尼振动状态。此时振动的振幅呈指数衰减。τ 的大小决定了振幅衰减的快慢，τ 越小，振幅衰减越迅速。

如果 $R^2 \ll \frac{4L}{C}$，通常是 R 很小的情况，振幅的衰减很缓慢，从式（1-15）可知

$$\omega \approx \frac{1}{\sqrt{LC}} = \omega_0 \tag{1-16}$$

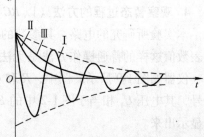

图 1-8　U_C 随时间变化的曲线图

此时近似为 LC 电路的自由振动，ω_0 为 $R = 0$ 时 LC 回路的固有频率。衰减振动的周期为

$$T = \frac{2\pi}{\omega} \approx 2\pi\sqrt{LC} \tag{1-17}$$

（2）$R^2 > \frac{4L}{C}$ 对应于过阻尼状态，其解为

$$U_C = \sqrt{\frac{4L}{4L - R^2 C}} E e^{-\alpha t} \mathrm{sh}(\beta t + \varphi) \tag{1-18}$$

式中，$\alpha = \frac{R}{2L}$；$\beta = \frac{1}{\sqrt{LC}}\sqrt{\frac{R^2 C}{4L} - 1}$。

式（1-18）所表示的 $U_C - t$ 的关系曲线如图 1-8 中曲线 Ⅱ 所示，它是以缓慢的方式回零。可以证明，若 L 和 C 固定，随电阻 R 的增长，U_C 衰减到零的过程更加缓慢。

（3）$R^2 = \frac{4L}{C}$ 对应于临界阻尼状态，其解为

$$U_C = E\left(1 + \frac{t}{\tau}\right) e^{-\frac{t}{\tau}} \tag{1-19}$$

式中，$\tau = \frac{2L}{R}$。它是从过阻尼到阻尼振动的过渡分界，$U_C - t$ 的关系如图 1-8 中的曲线 Ⅲ 所示。

对于充电过程，即开关 S 先在"2"，待电容放电完毕，再将 S 合向"1"，电源 E 将对电容充电，于是电路方程变为

$$LC\frac{\mathrm{d}^2 U_C}{\mathrm{d}t^2} + RC\frac{\mathrm{d}U_C}{\mathrm{d}t} + U_C = E \tag{1-20}$$

初始条件为 $t = 0$ 时，$U_C = 0$，$\frac{\mathrm{d}U_C}{\mathrm{d}t} = 0$，方程解为

$$\begin{cases} R^2 < \dfrac{4L}{C}, \quad U_C = \sqrt{\dfrac{4L}{4L - R^2 C}} E \mathrm{e}^{-\frac{t}{\tau}} \cos(\omega t + \varphi) & (1\text{-}21) \\[4mm] R^2 > \dfrac{4L}{C}, \quad U_C = \sqrt{\dfrac{4L}{4L - R^2 C}} E \mathrm{e}^{-at} \mathrm{sh}(\beta t + \varphi) & (1\text{-}22) \\[4mm] R^2 = \dfrac{4L}{C}, \quad U_C = E \left(1 + \dfrac{t}{\tau}\right) \mathrm{e}^{-\frac{t}{\tau}} & (1\text{-}23) \end{cases}$$

可见，充电过程和放电过程十分类似，只是最后趋向的平衡位置不同。

4. 观察暂态过程的方法（以 RC 电路为例）

本实验所研究的电路，其参数的暂态过程非常短暂，用扳动开关 S 记停表时间和读电压表数值这样的普通操作方法是无法观测的，因此这里采用的是"电子电路"法，其电路、仪器如图 1-9 所示。图中，R 和 C 串联构成待测电路。功率函数信号发生器输出方波信号，其电压 U_1 相当于图 1-2 中的 E 和周期性的转换开关 S；U_C 的暂态过程波形由示波器显示出来。

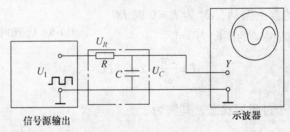

图 1-9 采用"电子电路"法观察暂态过程的电路图

图 1-10 是 U_1，U_C 的波形图。以 U_1 的第一个方波 $abcd$ 为例来说明实现的过程，U_1 包含着两个阶跃：上升阶跃 ab，它对应的时刻为 t_1，t_2 为下降阶跃时刻（cd）。在 U_1 上升阶跃的"作用"下，产生了 U_C 的上升暂态过程，此过程经历了 t_1 至 t_1' 时间，这是电路的充电暂态过程。t_1' 至 t_2 是电路的稳态期间。同样分析可得：t_2 至 t_2' 是电路的放电暂态过程，t_2' 至 t_3 是电路的稳态期间。

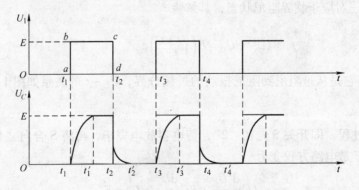

图 1-10 U_1 和 U_C 的波形图

示波器不但能显示 U_1 和 U_C 的波形，而且能测出有关的时间间隔。

5. 信号源为矩形脉冲时的暂态过程

如果将矩形脉冲（如方波）接到 RC 电路中，这时电容及电阻上的电压变化与前述直流电源作用下的结果有所不同。由于方波输出周期的变化（$0 \rightarrow E \rightarrow 0 \rightarrow E \rightarrow \cdots$）使得电容不断充、放电，经过几个周期后，充放电过程趋于稳定，在荧光屏上看到的是达到稳定后的波形，如图 1-11 所示。充、放电过程中电容及电阻上的电压波形为

电容器充电过程

$$
\begin{cases}
U_C(t) = E\left(1 - \dfrac{\mathrm{e}^{-\frac{t}{\tau}}}{1 + \mathrm{e}^{-\frac{T}{2\tau}}}\right) \\[4mm]
U_R(t) = \dfrac{E\mathrm{e}^{-\frac{t}{\tau}}}{1 + \mathrm{e}^{-\frac{T}{2\tau}}}
\end{cases}
\tag{1-24}
$$

电容器放电过程

$$
\begin{cases}
U_C(t) = \left(\dfrac{E}{1 + \mathrm{e}^{-\frac{T}{2\tau}}}\right)\mathrm{e}^{-\frac{t}{\tau}} \\[4mm]
U_R(t) = -\left(\dfrac{E}{1 + \mathrm{e}^{-\frac{T}{2\tau}}}\right)\mathrm{e}^{-\frac{t}{\tau}}
\end{cases}
\tag{1-25}
$$

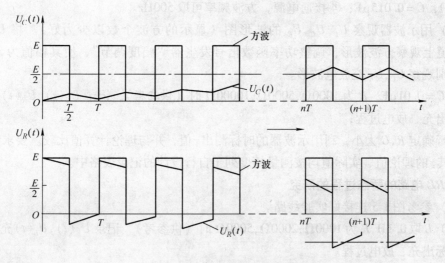

图 1-11　信号源为矩形脉冲时的波形

电容充电过程结束 $t = \left(n + \dfrac{1}{2}\right)T$ 时，U_C 和 U_R 的波形极值分别为

$$
\begin{cases}
U_C\left[\left(n + \dfrac{1}{2}\right)T\right] = \dfrac{E}{1 + \mathrm{e}^{-\frac{T}{2\tau}}} \\[4mm]
U_R\left[\left(n + \dfrac{1}{2}\right)T\right] = \dfrac{E\mathrm{e}^{-\frac{T}{2\tau}}}{1 + \mathrm{e}^{-\frac{T}{2\tau}}}
\end{cases}
\tag{1-26}
$$

电容放电过程结束 $t = (n+1)T$ 时，U_C 和 U_R 的波形极值分别为

$$\begin{cases} U_C\left[\,(n+1)T\,\right] = \dfrac{Ee^{-\frac{T}{2\tau}}}{1+e^{-\frac{T}{2\tau}}} \\[4mm] U_R\left[\,(n+1)T\,\right] = -\dfrac{Ee^{-\frac{T}{2\tau}}}{1+e^{-\frac{T}{2\tau}}} \end{cases} \tag{1-27}$$

由式（1-26）、式（1-27）可见，方波作用下的波形极值与直流电源作用下的结果有明显不同。

三、实验仪器

功率函数信号发生器，双踪示波器，万用电表，可调电容箱，可调电感箱，旋转式电阻箱，单刀双掷开关，导线若干。

四、实验内容与要求

1. RC 电路的暂态过程的研究

（1）如图 1-2 所示，连接电路，并把仪器调整在安全待测状态：①功率函数信号发生器的"幅度调节"旋钮转至输出电压最小处；②示波器的"辉度"旋钮居中；③预置 $R=6000\Omega$，$C=0.015\mu F$；④接通电源，方波频率可取 $500Hz$。

（2）用示波器观察 U_1，U_C，U_R 的波形图（显示的方波个数以少为好）。将 U_1 接在 CH_1 通道上观察方波波形，调整功率函数信号发生器"幅度调节"，使其幅值为 3V。然后，分别观察 U_C，U_R 充放电波形。

取 $C=0.01\mu F$，R 为 $1000\Omega,5000\Omega,10000\Omega$ 时（供参考），记录 $U_C(t)$，$U_R(t)$ 的波形图，标出充、放电过程；

自行确定 R,C 大小，利用示波器的时标测出 τ 值，并与理论计算值比较。要求将 R 和 C 值及其 τ 的理论值、实际值均按测量精度列于自行设计的记录表格中。

2. RL 电路的暂态过程的研究

（1）参考图 1-5 连接好实验线路。

（2）L 取 $0.1H$，R 为 $1000\Omega,2000\Omega,5000\Omega$ 时（供参考），记录 $U_R(t)$，$U_L(t)$ 充、放电波形，标出充、放电过程。

（3）自行确定 R,L 大小，利用示波器的时标测出 τ 值，并与理论计算值比较。要求将 R 和 L 值及其 τ 的理论值、实际值均按测量精度列于自行设计的记录表格中。

3. RLC 串联电路的单次充、放电暂态过程

观察三种不同振动状态的 U_C 波形，自己确定电路及示波器输入通道的接法。

（1）观察阻尼振荡波形。

取 $L=0.1H$，$C=0.001\mu F$，并取合适的 R 数值，观察并测量阻尼振荡的周期，与用公式计算的结果进行比较。

测量电路的时间常数 τ。电路处于阻尼振荡状态，振动的振幅呈指数衰减，时间常数 τ 决定了振幅衰减的快慢。由每次振荡的振幅 U_{C_n} 可测算出时间常数 τ。定义开始的振幅为

U_{C_0}，经过一次振荡后的振幅为 U_{C_1}，第二次的振幅为 u_{C_2}，……第 n 次振幅为 U_{C_n}，由式（1-13）可以得到

$$\frac{U_{C_n}}{U_{C_0}} = e^{-\frac{nT}{\tau}}$$

用拟合法可求出时间常数 τ，与用式（1-14）计算的结果进行比较。

（2）观察临界阻尼状态。

增大 R 使波形刚刚不出现振荡，记下此时的电阻值 R（应包括电感上的直流电阻及方波源的内阻），并与由公式 $R^2 = \dfrac{4L}{C}$ 计算出的结果比较。

（3）观察过阻尼状态。

（4）将观察到的三种状态波形画在同一张图上。

五、思考题

1. τ 值的物理意义是什么？如何测量 RC 串联电路的 τ 值？

2. 在 RC 电路实验中，当时间常数比方波的脉冲宽度（半个周期）大得多或小得多时各有什么现象？为什么？

3. 在 RLC 的实验中，U_C 的临界阻尼暂态过程的波形与欠阻尼、过阻尼有何差异？采用什么方法可使 U_C 逼近临界阻尼暂态过程？

4. 在 RLC 电路中，若方波发生器的频率很高或很低，能观察到阻尼振荡的波形吗？如何由阻尼振荡的波形来测量 RLC 电路的振荡周期 T？振荡周期 T 与角频率 ω 的关系会因方波频率的变化而发生改变吗？

（杨先卫）

实验二　谐振电路研究

在力学实验中介绍过弹簧的简谐振动、阻尼振动和强迫振动，阐述过共振现象的一些实际应用。同样，在电学实验中，由正弦波信号源与电感、电容和电阻组成的串联电路，也会产生简谐振动、阻尼振动和强迫振动。当正弦波电源输出频率达到某一频率时，电路的电流达到最大值，即产生谐振现象。谐振现象有许多应用，例如，电子技术中电磁波接收器常常用串联谐振电路作为调谐电路，接收某一频率的电磁波信号；利用谐振原理制成的传感器，可用于测量液体密度及飞机油箱内液位高度等。当然，在配电网络中，也要避免因电路谐振现象引起电容器或电感器的击穿。

一、实验目的

（1）通过观察 RLC 串联电路的谐振现象，加深对串联谐振电路谐振特征的了解。

（2）测定 RLC 串联电路的频率特性曲线。

（3）了解电路品质因数 Q 值的意义。

（4）学习正确使用低频信号发生器和电子电压表（毫伏表）。

二、实验原理

1. 网络频率特性的测量方法

（1）电压传输函数

图 1-12 所示的双口网络，在正弦信号激励下，输出响应相量 $\dot{U}_2$ 与输入激励相量 $\dot{U}_1$ 之比定义为该网络的电压传输函数。通常它是一个复数且是频率的函数，用 $H(\mathrm{j}\omega)$ 表示，即

$$H(\mathrm{j}\omega) = \frac{\dot{U}_2}{\dot{U}_1} = \frac{U_2}{U_1}\mathrm{e}^{\mathrm{j}(\Phi_2 - \Phi_1)} = |H(\omega)|\mathrm{e}^{\Phi(\omega)}$$

式中，$|H(\omega)| = \dfrac{U_2}{U_1}$；$\Phi(\omega) = \mathrm{j}(\Phi_2 - \Phi_1)$。

$|H(\omega)|$ 为输出电压与输入电压之比，它随信号频率的变化而变化，称为网络的**幅频特性**。$\Phi(\omega)$ 为输出相量 $\dot{U}_2$ 相对输入相量 $\dot{U}_1$ 的相移，也就是网络对信号的附加相移，它也随信号的频率变化而变化，称为网络的**相频特性**。幅频特性与相频特性统称为网络的**频率特性**。图 1-13 所示为低通网络的频率特性曲线。

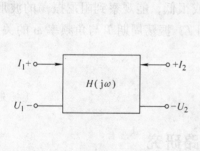

图 1-12　双口网络

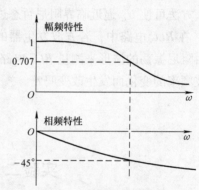

图 1-13　低通网络的频率特性曲线

（2）网络频率特性的测量方法：点测法和扫频法

点测法的测量线路如图 1-14 所示。功率函数信号发生器可以产生电压和频率均可调节的正弦信号；电压表（或毫安表）用来测量输入、输出电压幅值，作为电压测量指示；相位差计或双踪示波器用来测量或观测正弦信号通过被测网络时发生的相移，作为相位差测量指示。在被测网络的整个测量频段内，选取若干个频率点，调节函数信号发生器使其在保持输出信号幅度不变的情况下信号频率等于所选测试点的频率值，逐点测出各相应频率的 U_1，U_2 值和相移 φ，通过计算获得各 H 值，即可画出被测网络的幅频特性曲线和相频特性曲线。

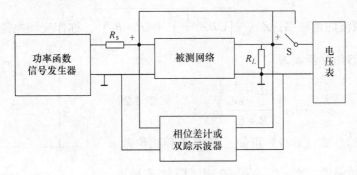

图 1-14 点测法测量网络幅频特性

扫频法测量网络幅频特性曲线的原理如图 1-15 所示。扫描发生器可以产生一定频率及幅度的锯齿波信号，将该信号分别送入扫频信号发生器（或功率函数信号发生器）的压控输入端和双踪示波器的外触发端，则扫频信号发生器产生的等幅正弦波，其频率将受到该锯齿波信号幅度的控制，与锯齿波电压同步增长，见波形②，此信号即为调频或扫频信号。假定被测网络的传输特性 $H(\omega)$ 是钟形的，它对低频和高频信号有较大的衰减。因此，当等幅的扫频信号经过该网络时，将变为具有钟形包络的信号（波形③）。该钟形包络即代表网络的幅频特性，它可用峰值检波器检出（波形④）。为了能将此波形展示出来，可将此钟形波形送入双踪示波器的 Y 通道，使示波器显示屏的纵向显示送入波形的幅值。而示波器横轴上加的是锯齿波信号（反映的是扫频信号的频率），显示的是输入波形的频率。示波器在锯齿波信号及钟形包络的共同作用下，就可将被测网络的幅频特性显示出来。

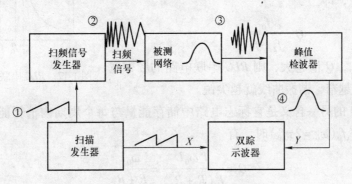

图 1-15 扫频法测量网络幅频特性

2. RLC 串联电路频率特性的测量方法

图 1-16 所示为由纯电容器、电感器和电阻与正弦波电源组成的串联电路。图中空心电感器用纯电感 L 和损耗电阻 R_L 表示，C 为纯电容器，R 为电阻。根据交流电路的欧姆定律，电源两端电压 U_i 与电路的电流 I 之间的关系为

$$I = \frac{U_i}{Z} = \frac{U_i}{\sqrt{\left(\omega L - \dfrac{1}{\omega C}\right)^2 + (R + R_L)^2}} \tag{1-28}$$

式中，ω 为正弦波的角频率；$Z = \sqrt{\left(\omega L - \dfrac{1}{\omega C}\right)^2 + (R + R_L)^2}$，称作交流电路的阻抗。总电压 U_i 与电流 I 的相位差 φ 为

$$\varphi = \arctan\left[\frac{\omega L - \dfrac{1}{\omega C}}{R + R_L}\right] \tag{1-29}$$

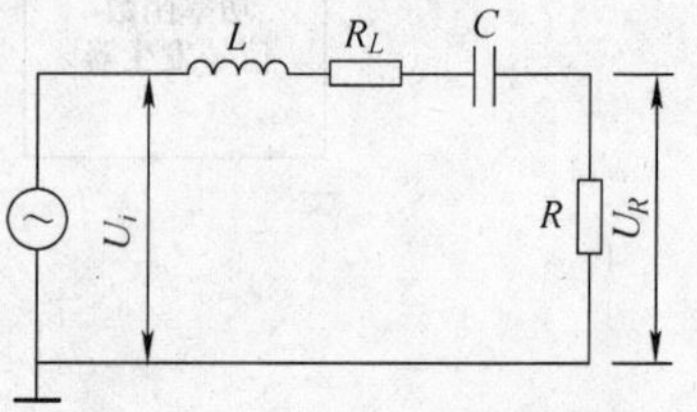

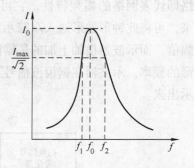

图 1-16 RLC 串联谐振电路图

由式（1-28）、式（1-29）可知，阻抗 Z 和相位差 φ 都是角频率 ω 的函数。当 $\omega L - \dfrac{1}{\omega C} = 0$ 时，阻抗 Z 最小，这时电流 I 达到最大值，因而电阻 R 上的电压 U_R 为最大，这时整个电路呈现电阻性。电路达到谐振时的正弦波的频率 $f_0 = \dfrac{\omega_0}{2\pi}$，称为谐振频率。谐振频率也可写为

$$f_0 = \frac{1}{2\pi\sqrt{LC}} \tag{1-30}$$

RLC 串联电路的谐振曲线如图 1-17 所示。在通用串联谐振曲线中，$\dfrac{I}{I_0} = \dfrac{1}{\sqrt{2}}$ 时，对应的频率为 f_2（上限频率）和 f_1（下限频率），f_1 与 f_2 之间的频带宽度称为通频带 Δf，即

$$\Delta f = f_2 - f_1$$

通常用 Q 值来表征电路选频性能的优劣，Q 值称为电路的**品质因数**，即

$$Q = \frac{f_0}{f_2 - f_1} \tag{1-31}$$

由式（1-31）知，Q 值越大，则 RLC 串联电路的频带宽度 $\Delta f = (f_2 - f_1)$ 越窄，谐振曲线就越尖锐。

图 1-17 RLC 串联电路谐振曲线

品质因数 Q 的另一含义是它标志电路中储存能量与每个周期内消耗能量之比。当电路处于谐振频率 $f_0(\omega_0 = 2\pi f_0)$ 时，有

$$Q = \frac{I^2\omega_0 L}{I^2(R + R_L)} = \frac{\omega_0 L}{R + R_L} \tag{1-32}$$

因此，在电路中电阻 $R + R_L$ 的值越小，电路的品质因数 Q 越大。在相同的电感量 L 和电阻 $R + R_L$ 条件下，电路谐振频率 f_0 越大，Q 值也越大。

从式（1-32）也不难得到，在 $f = f_0$ 及电容损耗电阻，$r_C \approx 0$ 时，有

$$Q = \frac{U_C}{U} \tag{1-33}$$

可见在谐振频率时，电容 C 或电感 L 上的电压是电路输入电压 U 的 Q 倍。

RLC 串联电路中，谐振时 $\varphi = 0°$，即电流与输入电压同相。当电源角频率从 0 增大到 ∞ 时，φ 与 ω 的关系曲线如图 1-18 所示，称为相频特性。

3. 串联谐振电路谐振频率的测量方法

（1）谐振时，$I = I_0$ 最大，此时 U_R 也最大。所以，在保持输入电压 U 不变的情况下，改变信号频率，当 U_R 达到最大值时的频率（此时无论增大频率或减小频率，U_R 均下降）即为谐振频率 f_0。因为在实际电路中，电感线圈存在较大的内阻，所以会给测量带来一定的误差。当采用此法测量 f_0 时，可用数字万用电表测量 U_{L0}, U_{C0} 值，根据两者是否大致相等来判断电路是否谐振（因电感线圈有内阻，所以 U_{L0}, U_{C0} 两者会有微小的差异）。

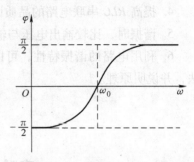

图 1-18 RLC 串联电路相频特性曲线

（2）由于 Q 值很高时，U_C 的峰值频率 $f_C \approx f_0$，可以在保持输入电压 U 不变的情况下，改变信号频率，当到达 U_C 的峰值时，此时的信号频率 $f_C \approx f_0$。Q 愈高，f_C 愈接近 f_0。

4. 回路品质因数 Q 的测量方法

（1）在电路谐振时，测量 U_{C0} 值或 U_{L0} 值及输入电压 U，即可算出 Q 值。

（2）通过测量谐振曲线的通频带 Δf，根据公式 $Q = \dfrac{f_0}{\Delta f}$ 求得 Q 值；而通频带 Δf 可通过测量 f_2 和 f_1 值获得。在保持输入电压 U 不变的情况下，当电路谐振时，测出此时的 U_{R0}，而电路在信号频率为 f_2, f_1 时输出电压为 $0.707U_{R0}$。故可分别增大或减小信号频率 f，使输出的电压 U_R 等于 $0.707U_{R0}$，则对应的信号频率即为 f_2 或 f_1 值。根据 $\Delta f = f_2 - f_1$ 即可得到 Δf 值。

三、实验仪器

功率函数信号发生器，双踪示波器，电子电压表，可调电容箱，可调电感箱，旋转式电阻箱，开关，导线若干。

四、实验内容与要求

按图 1-16 接好线，C 取 2.2nF，电阻 R 取 510Ω（L 固定，约 10mH），由功率函数信号发生器的"正弦波功率输出端"向外送出 $U = 1V$ 的正弦波，将此信号接入已连接好的 RLC 电路输入端，然后按如下步骤进行：

（1）测量电路谐振频率 f_0、品质因数 Q、通频带 Δf。

（2）测量电路的幅频特性，根据实验数据，在坐标纸上作出 RLC 幅频特性曲线。

（3）测量电路的相频特性，根据实验数据，在坐标纸上作出 RLC 相频特性曲线。

（4）将 RLC 串联电路中的 R 改为 200Ω，重复步骤（1）~（3）。

五、思考题

1. 已知 RLC 串联电路的参数为：$R = 100\Omega$, $C = 0.01\mu F$, $L = 10mH$，计算谐振频率 f_0 和品质因数 Q。

2. 改变电路的哪些参数可以使电路发生谐振？电路中的 R 值是否影响谐振频率值？

3. 如何判别电路是否发生谐振？测试谐振点的方案有哪些？

4. 提高 RLC 串联电路的品质因数，电路参数应如何改变？

5. 谐振时，比较输出电压与输入电压是否相等？试分析原因。

6. 利用电路的谐振特性，可以测量 L 或 C 的元件值，试设计具体测量线路和测试方法，并说明原理。

（杨先卫）

实验三　衍射光栅测波长

光栅是一种重要的分光元件，是一些光谱仪器（如单色仪、光谱仪）的核心部分，它不仅用于光谱学，还广泛用于计量、光通信及信息处理等方面。

一、实验目的

（1）熟悉分光计的调整和使用。

（2）观察光线通过光栅后的衍射现象。

（3）掌握用光栅测量光波长的方法。

二、实验原理

光栅是根据多缝衍射原理制成的一种分光元件，它能产生谱线间距较宽的光谱，所得光谱线的亮度比棱镜分光要小一些；但光栅的分辨本领比棱镜大，光栅不仅适用于可见光，还能用于红外和紫外光波，常用于光谱仪上。光栅在结构上有平面光栅、阶梯光栅和凹面光栅等几种，同时又分为透射式和反射式两类。本实验选用透射式平面刻痕光栅或全息光栅。

透射式平面刻痕光栅是在光学玻璃片上刻划大量互相平行、宽度和间距相等的刻痕制成的。当光照射在光栅面上时，刻痕处由于散射不易透光，光线只能在刻痕间的狭缝中通过。因此，光栅实际上是一排密集均匀而又平行的狭缝。

若以单色平行光垂直照射在光栅面上，则透过各狭缝的光线因衍射将向各个方向传播，经透镜会聚后相互干涉，并在透镜焦平面上形成一系列被相当宽的暗区隔开的间距不同的明条纹。

按照光栅衍射理论，衍射光谱中明条纹的位置由下式决定：

$$(a+b)\sin\phi_k = \pm k\lambda \quad (k=0,1,2,\cdots)$$

或

$$d\sin\phi_k = \pm k\lambda \quad (k=0,1,2,\cdots) \tag{1-34}$$

式中，$d = a + b$，称为光栅常数；λ 为入射光波长；k 为明条纹（光谱线）级数；ϕ_k 为 k 级明条纹的衍射角。

如果入射光不是单色光，则由式（1-34）可以看出，光的波长不同其衍射角 ϕ_k 也各不相同，于是复色光将被分解。而在中央 $k=0, \phi_k=0$ 处，各色光仍重叠在一起，组成中央明条纹，在中央明条纹两侧对称分布着 $k=1,2\cdots$ 级光谱，各级光谱线都按波长大小的顺序依次排列成一组彩色谱线，这样就将复色光分解为单色光，如图1-19所示。

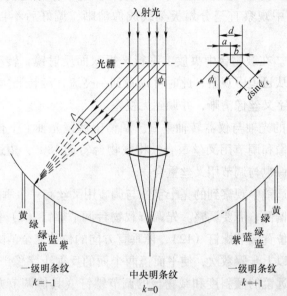

图 1-19 光栅衍射光谱示意图

如果已知光栅常数 d，用分光计测出 k 级光谱中某一明条纹的衍射角 ϕ_k，按式（1-34）即可算出该明条纹所对应的单色光的波长 λ。

三、实验仪器

TTY-2型分光计（见图1-20），待测波长的光源，光栅。

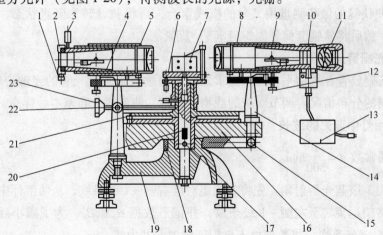

图 1-20 TTY-2 型分光计示意图

1—狭缝宽度调节手轮 2—狭缝体 3—狭缝体锁紧螺钉 4—平行光管俯仰螺钉 5—平行光管
6—载物台调平螺钉 7—载物台 8—望远镜 9—调焦手轮 10—灯源 11—目镜视度调节手轮
12—望远镜俯仰螺钉 13—直流稳压源 14—望远镜支臂 15—望远镜微调螺钉 16—转座 17—止动螺钉
18—制动架 19—底座 20—底盘止动螺钉 21—度盘 22—游标盘微调手轮 23—游标盘止动螺钉

四、实验内容与要求

1. 调整分光计

（1）目镜的调焦。先将目镜视度调节手轮（11）（见图1-20，下同）旋出，然后一边旋进，一边从目镜中观察直至分划板刻线成像清晰，调好后不再调节目镜视度调节手轮。

（2）物镜的调焦。在载物台中央放上平行平板双面反射镜，转动载物台使镜面与望远镜光轴基本垂直。从目镜中观察，此时可以看到一亮斑，旋转调焦手轮（9）对望远镜进行调焦，使反射十字叉丝像清晰，并调到无视差。

（3）调整望远镜的光轴与仪器转轴垂直。调整望远镜光轴上下位置调节螺钉（12），使反射回来的亮十字像和调节用叉丝重合，将载物台转动180°，望远镜中观察到平面镜的另一面的反射十字像也与调节用叉丝重合。

一般情况下，望远镜中观察到的亮十字像与调节用叉丝有一个垂直方向的位移，就是亮十字像可能偏高或偏低，需要调整。先调节载物台调平螺钉（6）使位移减少一半，再调整望远镜光轴上下位置调节螺钉（12），使垂直方向的位移完全消除。

转动载物台重复以上步骤数次，使平面镜两个面的反射十字像严格与调节叉丝重合，此时再也不要调动望远镜的倾斜度和载物台的调节螺钉（具体调节方法见《大学物理实验——基础篇》中调整分光计的具体方法）。

（4）平行光管调节。

第一，调节平行光管使其产生平行光。点燃汞灯，照亮狭缝，转动望远镜对准平行光管找到狭缝，旋转平行光管的调焦手轮实现前后移动狭缝机构，使从望远镜中看到清晰的狭缝像，并调到无视差。

第二，调节平行光管光轴与仪器转轴垂直。将狭缝转为水平状态，调节平行光管俯仰螺钉（4），使狭缝的像和测量用叉丝的横线重合，再将狭缝转为竖直状态，且与分划板竖直线重合，然后将狭缝套筒紧固螺钉（3）旋紧。

2. 观察光栅衍射现象

将光栅正确放置在载物平台上，要求光栅平面垂直于平行光管的光轴，转动望远镜，观察衍射光谱的分布情况。调节对应的载物台螺钉，使谱线分布基本一样高。

3. 测量汞灯中蓝光的波长

已知光栅常数 $d = \dfrac{1}{300}$mm。

（1）测出1级蓝光衍射角。先将望远镜对准右侧 +1 级条纹，从两游标中记下数据 α_k 和 β_k。然后将望远镜转至左侧 −1 级条纹，并记下数据 α_k' 和 β_k'，为了减小随机误差，应测量 $\alpha_k, \beta_k, \alpha_k', \beta_k'$ 各 5 次，将数据填入自拟表格中，并由式

$$\overline{\phi}_k = \frac{1}{4}\left[(\overline{\alpha_k} - \overline{\alpha_k'}) + (\overline{\beta_k} - \overline{\beta_k'}) \right] \quad (k = 1)$$

求得 1 级蓝光衍射角。

（2）根据式（1-34）计算蓝光的波长，并求出蓝光波长的绝对不确定度和相对不确定度。

4. 测量光栅常数

（1）以汞灯光谱中绿光波长（$\lambda = 546.07\text{nm}$）为已知，将已知 1 级光谱中绿光衍射角测出，要求测 5 次（测试步骤与测蓝光衍射角相同），将数据填入自拟表格中。

（2）根据式（1-34）计算光栅常数，并计算其绝对不确定度及相对不确定度。

5. 测量要求

（1）由于衍射光谱对中央明条纹是对称的，为了提高测量准确度，测量第 k 级光谱时，应测出 $+k$ 级和 $-k$ 级光谱线的位置，两位置的差值之半即为 ϕ_k。

（2）测量时，可将望远镜移至最左端，从 -3，-2，-1 到 $+1$，$+2$，$+3$ 级依次测量，以免漏测数据。

（3）为使叉丝精确对准光谱线，必须使用望远镜微调螺钉来对准。

五、注意事项

（1）对光学仪器及光学元件表面，不能用手摸，小心使用光学元件（如光栅），勿打破，尤其在暗室内使用之后一定放回到安全的位置。

（2）使用分光计时，一切紧固用的螺钉，该紧固时应紧固，该松开时应松开。如当止动螺钉未紧固时，调微动螺钉则不起作用。转动望远镜时，若没有松开紧固螺钉而用力转动，将使分光计的中心轴产生伤痕，而这种损伤在外表都看不到。

（3）使用分光计时，注意角游标的读数，游标经过 360°（即 0°）时，读数应加360°，因此当望远镜对准平行光管时，可将刻度盘的读数调在 90°及 270°左右。

六、思考题

1. 利用钠光（波长 $\lambda = 589.3\text{nm}$）垂直入射到每毫米 300 条刻痕的平面透射光栅上时，试问最多能看到几级光谱？为什么？

2. 如果入射光束与光栅平面斜交（没有严格垂直），对测量结果有何影响？

3. 在这个实验中采取了哪些措施提高测量数据的准确度？

（朱世坤）

实验四　最小偏向角法测折射率

折射率是光学材料的重要参量。透明材料折射率的测量方法可分为两类：一类是以反射定律、折射定律为基础的角度测量法，例如，掠入射法、全反射法、最小偏向角法等；另一类是光通过介质后，利用透射光或反射光的物理光学特性来测量，例如，干涉法、布儒斯特角法、椭偏法等。最小偏向角的原理在某些光谱仪或相关仪器的调节中也有重要应用。完成本实验，将有助于认识最小偏向角的特征，掌握快速的调节技巧。

一、实验目的

（1）熟悉分光计的使用方法。
（2）掌握用最小偏向角法测折射率的原理和技能。

二、实验原理

物质的折射率与通过物质的光的波长有关。一般所指的固体和液体的折射率是对钠黄光而言的，通常用 n_D 表示（有时也略去下标 D）。

我们知道，当光从空气射到折射率为 n 的介质分界面时发生偏折，如图 1-21 所示。入射角 i 和折射角 γ 之间遵循折射定律

$$n = \frac{\sin i}{\sin \gamma} \tag{1-35}$$

因此，我们只要测出入射角 i 和折射角 γ，就可以确定物体的折射率 n，故测量折射率的问题变为测量角度的问题。

测量折射率的方法很多，本实验中采用最小偏向角法。待测物质是固体，可将它制成三棱镜。如图 1-22 所示，设有一束单色光 BC 由空气射到三棱镜的一个界面上，因为折射而沿 CD 传播，在 D 处又因折射而沿 DE 传播。此光束经棱镜两次折射之后，由棱镜射出的光线 DE 与入射光线 BC 之间形成一个夹角 δ，叫做偏向角。

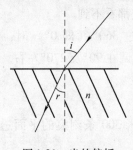

图 1-21 光的偏折

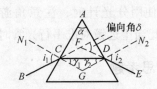

图 1-22 三棱计的偏光示意图

图 1-22 中 α 为棱镜的顶角，N_1 和 N_2 为棱镜界面的法线。若 i_1 表示入射角，i_2 表示出射角，则由几何关系可知 δ 是 $\triangle CDF$ 的外角，故有

$$\delta = \angle FCD + \angle FDC = (i_1 - \gamma_1) + (i_2 - \gamma_2) = (i_1 + i_2) - (\gamma_1 + \gamma_2)$$

在四边形 $ACGD$ 中，$\angle GCA = \angle GDA = 90°$，所以 $\alpha + \angle CGD = 180°$，$\alpha = \gamma_1 + \gamma_2$，故

$$\delta = i_1 + i_2 - \alpha \tag{1-36}$$

由实验可知，改变入射角 i_1 的大小，出射角 i_2 也相应地发生变化。当 $i_1 = i_2 = i$ 时，以 δ_m 表示最小偏向角，则由式（1-36），得

$$i = \frac{\delta_m + \alpha}{2}$$

同时，当 $i_1 = i_2 = i$ 时，可得折射角 $\gamma = \dfrac{\alpha}{2}$。所以，待测物质相对于空气的折射率为

$$n = \frac{\sin\left(\dfrac{\delta_m + \alpha}{2}\right)}{\sin\dfrac{\alpha}{2}} \qquad (1\text{-}37)$$

由此可见，我们若在实验中测得 δ_m 和 α，便可由式（1-37）求出待测物质的折射率。前面已指出，物质的折射率对于不同波长的光其值是不同的。实验中若使用钠光灯作光源，测定的折射率是对 589.3nm 的折射率；若使用其他光源，则测定值是与其他波长对应的折射率。

下面是最小偏向角 δ_m 的证明：

因为 $\delta = i_1 + i_2 - \alpha$，即 δ 是入射角 i_1 的函数，则 δ 有极值的条件是 $\dfrac{\mathrm{d}\delta}{\mathrm{d}i_1} = 0$。而

$$\frac{\mathrm{d}\delta}{\mathrm{d}i_1} = 1 + \frac{\mathrm{d}i_2}{\mathrm{d}i_1}$$

所以，当 $\dfrac{\mathrm{d}i_2}{\mathrm{d}i_1} = -1$ 时，δ 有极值。

根据折射定律应有

$$\sin i_2 = n\sin\gamma_2 \qquad (1\text{-}38)$$
$$\sin i_1 = n\sin\gamma_1 \qquad (1\text{-}39)$$

将式（1-38）两边对 i_1 求导数，得

$$\cos i_2 \frac{\mathrm{d}i_2}{\mathrm{d}i_1} = n\cos\gamma_2 \frac{\mathrm{d}\gamma_2}{\mathrm{d}i_1}$$

则

$$\frac{\mathrm{d}i_2}{\mathrm{d}i_1} = n\frac{\cos\gamma_2}{\cos i_2} \frac{\mathrm{d}\gamma_2}{\mathrm{d}i_1} \qquad (1\text{-}40)$$

已知 $\alpha = \gamma_1 + \gamma_2$ 或 $\gamma_2 = \alpha - \gamma_1$，故

$$\frac{\mathrm{d}\gamma_2}{\mathrm{d}i_1} = -\frac{\mathrm{d}\gamma_1}{\mathrm{d}i_1}$$

将上式代入式（1-40），得

$$\frac{\mathrm{d}i_2}{\mathrm{d}i_1} = -\frac{n\cos\gamma_2}{\cos i_2} \frac{\mathrm{d}\gamma_1}{\mathrm{d}i_1} \qquad (1\text{-}41)$$

将式（1-39）两边对 i_1 求导数，得

$$\cos i_1 = n\cos\gamma_1 \frac{\mathrm{d}\gamma_1}{\mathrm{d}i_1}$$

则

$$\frac{\mathrm{d}\gamma_1}{\mathrm{d}i_1} = \frac{\cos i_1}{n\cos\gamma_1}$$

将上式代入式（1-41），得

$$\frac{di_2}{di_1} = -\frac{n\cos\gamma_2}{\cos i_2} \cdot \frac{\cos i_1}{n\cos\gamma_1} = -\frac{\cos i_1 \cos\gamma_2}{\cos i_2 \cos\gamma_1}$$

可见 δ 的极值条件为

$$-\frac{\cos i_1 \cos\gamma_2}{\cos i_2 \cos\gamma_1} = -1$$

即

$$\frac{\cos i_1 \cos\gamma_2}{\cos i_2 \cos\gamma_1} = 1$$

要使上式成立，必须有

$$i_1 = i_2, \qquad \gamma_1 = \gamma_2$$

三、实验仪器

分光计，钠光灯（或汞灯），等边三棱镜，平面反射镜。

四、实验内容与要求

实验内容为测定玻璃对钠黄光的折射率。作为待测物的玻璃样品是一磨制好的等边三棱镜，三个侧面中一个毛玻璃面，另两面是光学平面。使用时两光面不许被手指污染，拿取三棱镜时，可拿其两棱或毛玻璃面。

1. 实验步骤

（1）调整分光计。要求望远镜聚焦于无穷远（使平行光管发射出平行光，望远镜接收平行光），使平行光管和望远镜光轴与仪器的转轴垂直，且载物台平面与仪器转轴垂直。

（2）让光源的光由平行光管的狭缝进入，经过平行光管后变成一束平行光。此束平行光便是我们所需要的入射光 BC，如图 1-23 所示。

（3）将待测物（三棱镜）置于分光计的载物台上，并调节三棱镜法线与仪器转轴平行。如图 1-23 所示，放置待测物时应考虑到在整个实验过程中，待测物将不会移动或碰落跌碎。

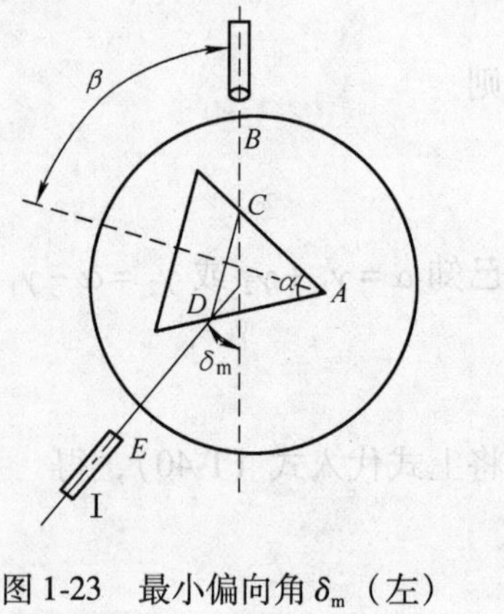

（4）测定最小偏向角 δ_m。使待测物处于图 1-23 所示

图 1-23 最小偏向角 δ_m（左）

的位置，使光源与棱镜等高，置于平行光管狭缝前。转动载物台，使台上所载棱镜顶角的平分线与平行光管轴线之间的 β 角约为 $60°$，然后将望远镜转到三棱镜另一边，使望远镜光轴与棱镜顶角平分线之间近似成 $60°$。来回转动望远镜，直到在望远镜视场中看到经棱镜折射后射出的主谱线。（光源为钠光灯，则可看到波长为 $\lambda = 589.3\text{nm}$ 的黄光；若光源为汞灯，则从望远镜中观察到一组光谱，其中有一条黄色谱线 $\lambda = 579.07\text{nm}$。要求测试黄光 DE）

找到谱线后，再来回转动载物台，观察谱线转动情形，确定载物台转动方向，使谱线朝着偏向角减小的方向转动，同时使望远镜也跟随谱线踪迹转动。仔细观察，当棱镜继续往该方向（即减小偏向角的方向）转到某一位置时，就会发现谱线不再向前移动。这个转折点的位置就是该谱线处于最小偏向角的位置。此时应紧固度盘，转动望远镜，使分划板中心竖线对准该谱线，然后固紧望远镜，再细心微调，精确地确定最小偏向角的位置，并从刻度盘的两个游标读出望远镜的位置，即出射光 DE 开始反向移动的位置 I，记下数据。为了减小随机误差，应测 5 组数据。

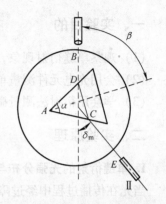

转动载物台，使待测物（三棱镜）处于如图 1-24 所示的位置，重复前面的步骤，测定 CE 反向移动的位置 II，并记下数据，也测 5 次。

图 1-24　最小偏向角 δ_m（右）

由图 1-23 及图 1-24 可知，方位 I 与方位 II 之间的夹角等于 $2\delta_m$，因此，δ_m 可由方位 I 及方位 II 的数据计算得到。在分光计上，望远镜左右两边有两个游标 Q_1 和 Q_2，为避免刻度误差，在确定方位 I 和方位 II 后，便从 Q_1 和 Q_2 游标上读出数据 ϕ_1'，ϕ_2'，ϕ_1''，ϕ_2''，从而由所读数据可计算得

$$\delta_m' = \frac{\phi_1' - \phi_1''}{2}$$

$$\delta_m'' = \frac{\phi_2' - \phi_2''}{2}$$

则

$$\delta_m = \frac{\delta_m' + \delta_m''}{2} = \frac{1}{4}\left[(\phi_1' - \phi_1'') + (\phi_2' - \phi_2'')\right]$$

2. 数据处理

（1）将方位 I、方位 II 所测的各 5 组数据填入表格中（表格自拟）。

（2）计算最小偏向角 δ_m。

（3）实验室给出棱镜顶角 α（已知），计算待测物质的折射率。

（4）计算折射率的绝对不确定度和相对不确定度。

五、思考题

1. 设计一种不测最小偏向角而能测棱镜玻璃折射率的方案（使用分光计去测）。

2. 用自准法调节望远镜时，如果望远镜中叉丝交点在物镜焦点以外或以内，则叉丝交点经平面镜反射回到望远镜的像将成在何处？

3. 分光计按要求调节完毕后，在此后寻找目标物的过程中能否再调望远镜的目镜和物镜？为什么？

（朱世坤）

实验五　光的衍射现象的研究

一、实验目的

（1）观察单缝衍射现象，加深对衍射理论的理解。

（2）会用光电元件测量单缝衍射的相对光强分布，掌握其分布规律。

（3）学会用衍射法测量微小量。

二、实验原理

1. 单缝衍射的光强分布与单缝宽度的测量

当光在传播过程中经过障碍物，如不透明物体的边缘、小孔、细线、狭缝等时，一部分光会传播到几何阴影中去，产生衍射现象。如果障碍物的尺寸与波长相近，那么，这样的衍射现象就比较容易观察到。

单缝衍射有两种：一种是菲涅耳衍射，单缝距光源和接收屏均为有限远或者入射波和衍射波不全是球面波；另一种是夫琅禾费衍射，单缝距光源和接收屏均为无限远或者相当于无限远，即入射波和衍射波都可看做是平面波。

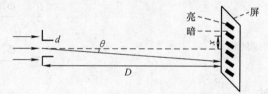

图1-25　夫琅禾费单缝衍射图样

用散射角极小的激光器产生激光束，通过一条很细的狭缝（0.1～0.3mm 宽），在狭缝后大于1.5m 的地方放上观察屏，就可看到衍射条纹，它实际上就是夫琅禾费衍射条纹，如图1-25 所示。当在观察屏位置处放上硅光电池和读数显微镜装置，它们可在平行于衍射条纹的方向移动，与硅光电池相连的光电检流计所显示出来的电流大小就与落在硅光电池上的光强成正比，实验装置如图1-26 所示。

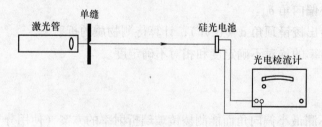

图1-26　光强检测装置图

当激光照射在单缝上时，根据惠更斯-菲涅耳原理，单缝上每一点都可看成是向各个方向发射球面子波的新波源。由于子波叠加的结果，在屏上可以得到一组平行于单缝的明暗相间的条纹。

由理论计算可得，垂直入射于单缝平面的平行光经单缝衍射后光强分布的规律为

$$\begin{cases} I = I_0 \dfrac{\sin^2\theta}{\theta^2} \\ \theta = Bx \\ B = \dfrac{\pi d}{\lambda D} \end{cases} \tag{1-42}$$

式中，d 是狭缝宽；λ 是波长；D 是单缝位置到光电池位置的距离；x 是从衍射条纹的中心位置到测量点之间的距离。其光强分布如图 1-27 所示。

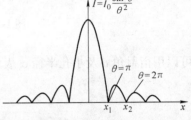

图 1-27　光强分布图

当 θ 相同，即 x 相同时，光强相同，所以在屏上得到的光强相同的图样是平行于狭缝的条纹。当 $\theta = 0$ 时，$x = 0$，$I = I_0$，在整个衍射图样中，此处光强最强，称为中央主极大；当 $\theta = k\pi$（$k = \pm 1, \pm 2, \cdots$），即 $x = \dfrac{k\lambda D}{d}$ 时，$I = 0$ 在这些地方为暗条纹。暗条纹是以光轴为对称轴，呈等间隔、左右对称的分布。中央亮条纹的宽度 Δx 可用 $k = \pm 1$ 的两条暗条纹间的间距确定，$\Delta x = \dfrac{2\lambda D}{d}$；某一级暗条纹的位置与缝宽 d 成反比，d 大，x 小，各级衍射条纹向中央收缩，当 d 宽到一定程度，衍射现象便不再明显，只能看到中央位置有一条亮线，这时可以认为光线是沿直线传播的。于是，单缝的宽度为

$$d = \dfrac{k\lambda D}{x} \tag{1-43}$$

因此，如果测到了第 k 级暗条纹的位置 x，用光的衍射可以测量细缝的宽度。

光的衍射现象是光的波动性的一种表现。研究光的衍射现象不仅有助于加深对光本质的理解，而且能为进一步学好近代光学技术打下基础。衍射使光强在空间重新分布，利用光电元件测量光强的相对变化，是测量光强的方法之一，也是光学精密测量的常用方法。根据互补原理，光束照射在细丝上时，其衍射效应和狭缝一样，在接收屏上得到同样的明暗相间的衍射条纹。因此，利用上述原理也可以测量细丝直径及其动态变化。

2. 小孔的夫琅禾费衍射与小孔的直径测量

夫琅禾费衍射不仅表现在单缝衍射中，也表现在小孔的衍射中，如图 1-28 所示。平行的激光束垂直地入射于圆孔光阑 1 上，衍射光束被透镜 2 会聚在它的焦平面 3 上，若在此焦平面上放置一接收屏，将呈现出衍射条纹。衍射条纹为同心圆环，中央光斑集中了 84% 以上的光能量，P 点的光强分布为

$$I = I_0 \left[\dfrac{2J_1(x)}{x} \right]^2 \tag{1-44}$$

$J_1(x)$ 为一阶贝塞尔函数，它可以展开成 x 的级数：

$$J_1(x) = \sum_{k=0}^{\infty} \dfrac{(-1)^k}{k!(k+1)!} \left(\dfrac{x}{2} \right)^{2k+1} \tag{1-45}$$

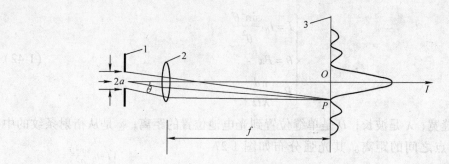

图 1-28 夫琅禾费衍射装置示意图

x 可以用衍射角 θ 及小孔半径 α 表示，即

$$x = \frac{2\pi\alpha}{\lambda}\sin\theta \tag{1-46}$$

式中，λ 是激光波长（He-Ne 激光器 $\lambda = 623.8\,\mathrm{nm}$）。衍射图样的光强极小点就是一阶贝塞尔函数的零点，它们是 $x_0 = 3.832, 7.0162, 10.174, 13.32, \cdots$；衍射条纹的光强极大点对应的 $x = 5.136, 7.217, 11.620, 14.796, \cdots$。中央光斑（第一暗环）的直径为 D，P 点的位置由衍射角 θ 来确定，若屏上 P 点离中心 O 的距离为 $r(r \approx f\sin\theta)$，则中央光斑的直径 D 为

$$D = 2f\sin\theta = 2f\frac{x_{01}\lambda}{2\pi a} = \frac{x_{01}}{\pi} \cdot \frac{\lambda f}{a} = 1.22\frac{\lambda f}{a} \tag{1-47}$$

式中，$x_{01} = 3.832$，是一阶贝塞尔函数的第一个零点。同理，可推算出第 n 个暗环直径 D_n 为

$$D_n = \frac{x_{0n}}{\pi} \cdot \frac{\lambda f}{a} \tag{1-48}$$

式中，x_{0n} 是一阶贝塞尔函数第 n 个零点 $(n = 1, 2, 3, \cdots)$。由式（1-47）可知，只要测得中央光斑的直径 D，便可求得小孔半径 a。

3. 细丝直径的测量

据巴比涅定理，直径为 d 的细丝产生的衍射图样与宽度为 d 的狭缝产生的衍射图样相同。如图 1-29 所示，产生暗条纹的条件为

$$d\sin\theta = k\lambda \quad (k = \pm1, \pm2, \cdots) \tag{1-49}$$

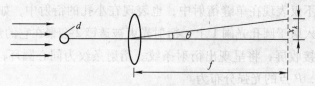

图 1-29 细丝衍射图样示意图

由于

$$\sin\theta = \frac{x_k}{\sqrt{x_k^2 + f^2}}$$

所以

$$d = \frac{k\lambda}{x_k}\sqrt{x_k^2 + f^2} \qquad (1\text{-}50)$$

式中，$k = \pm 1, \pm 2, \cdots$。可以看出，只需测出第 k 个暗条纹的位置 x_k，就可以计算出细丝的直径 d。

三、实验仪器

实验装置如图 1-30 所示。

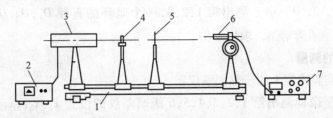

图 1-30　实验装置示意图

1—导轨　2—激光电源　3—激光器　4—单缝　5—小孔屏　6—维光强测量装置　7—WJF 型数字式检流计

四、实验内容与要求

1. 单缝衍射的光强分布与单缝宽度的测量

（1）开启激光电源，预热。

（2）将单缝靠近激光器的激光管管口，并照亮狭缝。

（3）在硅光电池处，先用纸屏进行观察，调节单缝倾斜度及左右位置，使衍射花纹水平，两边对称，然后改变缝宽，观察花纹变化规律。

（4）移开纸屏，在纸屏处放上硅光电池盒及移动装置，遮住激光出射处，将数字检流计调零。

（5）检流计倍率放在 0.01 挡，转动读数鼓轮，将硅光电池盒狭缝位置移到标尺中间位置 25mm 处，调节电池盒左右、高低和倾斜度，使衍射花纹中央最大两旁相同级次的光强以同样高度射入电池盒狭缝。

（6）调节单缝宽度，衍射花纹的对称第四个暗点位置处在读数显微镜的读数两边缘。

（7）预测：调节检流计，找到中央主极大处，然后向一边移动硅光电池，依次找出一级次极大、二级次极大、三级次极大位置，记录下各级极大对应的电流值；测记另一侧的一级次极大、二级次极大、三级次极大所对应的电流值。

（8）正式测量：为避免显微镜的回程差，从某一侧第三级次极大开始，始终向一个方向移动，依次测量 -2，-1，0，$+1$，$+2$ 级条纹的光强分布，直到记录下 5 级亮纹为止（建议测量如下 23 个点：每一级的极大值和极小值，且每个次极大的极大值和极小值间至少测量一个点，主极大的极大值和极小值间至少测量两个点）。

（9）测量单缝到光电池之间的距离 D。

（10）数据记录及处理。

以中央最大光强处为 x 轴坐标原点，将测得的数据归一化处理。即将在不同位置上测得的检流计光标偏转数除以中央最大的光标偏转数，然后在毫米方格（坐标）纸上作出 $\dfrac{I}{I_0-x}$ 光强分布曲线。

根据三条暗条纹的位置，用式（1-43）分别计算出单缝的宽度 d，然后求其平均值。

2. 小孔直径的测量

（1）按实验内容 1 中的步骤安装、调试仪器。

（2）用读数显微镜测出中央光斑的直径 D_0，由式（1-47）求出小孔半径 a。

（3）取 $n=1$，2，3，…，测出第 1，2，3，…个暗环的直径 $D_1, D_2, D_3, \cdots$，由式（1-48），分别计算出圆孔半径 a，求出 $\bar{a}$ 值。

3. 细丝直径的测量

（1）可参照实验内容 1 的步骤调整仪器。

（2）用读数显微镜测出第 1，2，3，4，5，6 级暗条纹的位置 $x_1, x_2, , x_3, x_4, x_5, x_6$，由式（1-50）分别计算出细丝直径 $d_1, d_2, d_3, d_4, d_5, d_6$，求出细丝直径 d 的平均值。

五、思考题

1. 什么叫光的衍射现象？
2. 夫琅禾费衍射应符合什么条件？
3. 单缝衍射光强是怎么分布的？
4. 如果激光器输出的单色光照射在一根头发丝上，将会产生怎样的衍射花纹？可用本实验的哪种方法测量头发丝的直径？
5. 本实验中采用了激光衍射测径法测量细丝直径，它与普通物理实验中的其他测量细丝直径方法相比较有何优点？试举例说明。

（熊　伟）

实验六　金属逸出电势的测定

电子从被加热的金属中发射出来的现象称为**热电子发射**。热电子发射的性能与金属材料的逸出电势（或逸出功）有关。在现代技术中制作电真空元器件时，在阴极材料的选择上，除了选择高熔点参数外，材料的逸出电势也是需要考虑的重要参数之一，这样阴极材料才会具有较大的发射电流。本实验用理查森直线法测量钨的逸出电势，从而加深对热电子发射基本规律的了解，同时也学习数据处理的巧妙方法。

一、实验目的

（1）了解有关热电子发射的基本规律。
（2）用理查森直线法测定钨丝的电子逸出电势 V。
（3）验证肖特基效应。

二、实验原理

在高真空的管子中，装上两个电极，其中一个用被测的金属丝做成阴极 K，通过电流 I_f 加热，并在另一个阳极上加正电压时，在连接这两个电极的外电路中将有电流 I_a 通过，如图 1-31 所示，这种现象称为热电子发射。通过对热电子发射规律的研究，可以测定阴极材料的电子逸出电势，以选择电真空器件的合适阴极材料。

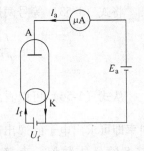

1. 电子的逸出电势

根据固体物理学中金属电子理论，金属中动能在 $E \sim E + \mathrm{d}E$ 之间的传导电子数目为

$$f(E) = \frac{\mathrm{d}N}{\mathrm{d}E} = \frac{4\pi}{h^3}(2m)^{\frac{3}{2}} E^{\frac{1}{2}} \left[\exp\left(\frac{E - E_f}{kT}\right) + 1\right]^{-1} \quad (1\text{-}51)$$

图 1-31　真空二级管原理图

式中，E_f 为费米能级；m 为电子质量；k 为玻耳兹曼常数；h 为普朗克常量。

在绝对零度时，电子的能量分布 $\dfrac{\mathrm{d}N}{\mathrm{d}E}$ 如图 1-32 曲线①所示，这时电子所具有的最大能量即为 E_f。当温度较高（$T > 0\mathrm{K}$）时，电子能量分布曲线如图 1-32 中曲线②所示，其中少数电子具有比 E_f 更高的能量，而这部分电子的数量随能量的增加按指数规律减少。

在通常温度下，由于金属表面存在一个厚约 $10^{-10}\mathrm{m}$ 的电子-正电荷偶电层，即金属表面与外界（真空）之间存在一个势垒 E_b，阻碍电子从金属表面逸出。因此，电子要从金属中逸出，至少要具有动能 E_0。从图 1-32 可见，在绝对零度时，这一能量为

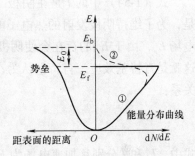

图 1-32　金属电子的能量分布

$$E_0 = E_b - E_f = eV \quad (1\text{-}52)$$

式中，E_0（或 eV）称为金属电子逸出功，其单位为电子伏特（eV），它表征要使处于绝对零度下的金属中具有最大能量的电子逸出金属表面所需要的能量；V 称为逸出电势，其数值等于以电子伏特为单位的电子逸出功。

2. 热电子发射公式

根据式（1-51）可以推导出热电子发射的理查森-杜西曼公式：

$$I = AST^2 \exp\left(-\frac{eV}{kT}\right) \quad (1\text{-}53)$$

式中，I 是热电子发射的电流（单位是 A）；S 是阴极金属的有效发射面积（单位是 cm^2）；T 是热阴极的热力学温度（单位是 K）；A 是与阴极化学纯度有关的系数（单位是 $\mathrm{A \cdot cm^{-2} \cdot K^{-2}}$）；$k$ 是玻耳兹曼常数，$k = 1.38 \times 10^{-23}\mathrm{J \cdot K^{-1}}$。

原则上只要测定 I，A，S 和 T，就可以根据式（1-53）算出阴极的逸出功 eV；但是 A

和 S 的测量比较困难，所以在实际测量中，通常采用理查森直线法，借此可以设法避开 A 和 S 的测量。

3. 理查森直线法

将式（1-53）等号两边除以 T^2，再取对数得到

$$\lg \frac{I}{T^2} = \lg(AS) - \frac{eV}{2.30KT} = \lg(AS) - 5.04 \times 10^3 \frac{V}{T} \tag{1-54}$$

从式（1-54）可以看出，$\lg \dfrac{I}{T^2}$ 与 $\dfrac{1}{T}$ 呈线性关系，若以 $\lg \dfrac{I}{T^2}$ 和 $\dfrac{1}{T}$ 作图，由所得直线的斜率即可求出电子的逸出电势 V，这种方法叫做理查森直线法。其优点是可以不必测出 A，S 的具体数值，直接由 I 和 T 就可得到逸出电势 V 的值，A 和 S 的影响只是使 $\lg \dfrac{I}{T^2} - \dfrac{1}{T}$ 直线平行移动。这种避开不易测量或不易测准的物理量而获得所需测量结果的方法，在实验方案设计中经常用到，可以使研究的问题简便化。

4. 肖特基效应与外延法求零场电流

式（1-54）中的 I 是在阴极与阳极间不存在加速电场情况下的热电子发射电流；但是，为了维持阴极发射的热电子能源源不断地飞向阳极，必须在阳极和阴极间加一个加速电场 E_a，由于 E_a 的存在会使阴极表面的势垒 E_b 降低，因而逸出功减小，发射电流增大，这就是肖特基效应。肖特基认为在加速电场 E_a 的作用下，阴极发射电流 I_a 与 E_a 有如下关系：

$$I_a = I e^{\frac{4.39\sqrt{E_a}}{T}} \tag{1-55}$$

式中，I_a 和 I 分别是加速电场为 E_a 及零时的发射电流。对式（1-55）取对数，得

$$\lg I_a = \lg I + \frac{0.439}{2.30T} \sqrt{E_a} \tag{1-56}$$

如果将阴极和阳极做成共轴圆柱形，并忽略接触电位差和其他影响，则加速电场可表示为

$$E_a = \frac{U_a}{r_1 \ln \dfrac{r_2}{r_1}} \tag{1-57}$$

式中，r_1 和 r_2 分别为阴极与阳极的半径；U_a 为加速电压。将式（1-57）代入式（1-56），得

$$\lg I_a = \lg I + \frac{0.439}{2.30T} \frac{1}{\sqrt{r_1 \ln \dfrac{r_2}{r_1}}} \sqrt{U_a} \tag{1-58}$$

由式（1-58）可知，在温度一定和管子结构一定的条件下，$\lg I_a$ 和 $\sqrt{U_a}$ 呈线性关系。

如果以 $\sqrt{U_a}$ 为横坐标，以 $\lg I_a$ 为纵坐标作图即得一直线，如图 1-33 所示，此直线的反向延长线以虚线表示与纵坐标轴的交点为 $\lg I$，由此可以确定在一定温度下，当加速电场为零时的发射电流 I。

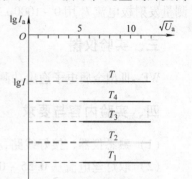

图 1-33　$\lg I_a$-$\sqrt{U_a}$ 关系图

由此可见，要测金属材料的逸出功，首先应该将被测材料做成二极管的阴极，当测定了阴极温度 T、阳极电压 U_a 和发射极电流 I_a 后，通过外延法和理查森直线法便可求出逸出电势和逸出功 eV。

5. 温度测量与理想二极管

从热电子发射公式可以看出，灯丝温度 T 对发射电流的影响极大，因此准确测量温度是一个重要问题。一般可用光测高温计通过理想二极管阳极中间的一个圆孔来测量阴极的温度，或根据管子的参数及阴极 K 的加热电流 I_f 来计算其温度。

实验中所用电子管为直流式理想二极管，结构示意图如图 1-34 所示，电路图如图 1-35 所示。二极管的阴极 K 由直径 0.0075cm 左右的钨丝做成，阳极 A 为长 1.5cm、半径 $r_2 = 0.42$cm 的镍制圆筒，中间有一个 $d = 0.15$cm 的小孔。为了避免灯丝的冷端效应及电场的边缘效应的影响，在阳极两端各有一圆筒形状的保护电极 B，保护电极与阳极加上同一电压，但其电流并不计入热电子发射电流中。这种二极管灯丝加热电流 I_f 与灯丝的温度 T 间的对应数值关系见表 1-1。

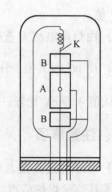

图 1-34　理想二极管结构示意图

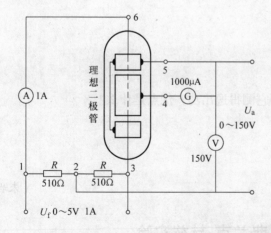

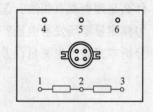

图 1-35　理想二极管电路图

表 1-1　理想二极管灯丝电流与温度关系

I_f/A	0.45	0.50	0.55	0.60	0.65	0.70	0.75	0.80	0.85
T/K	1530	1610	1690	1780	1840	1900	1970	2030	2090

阴极灯丝用 0~5V，1A 整流电源加热，测量灯丝加热电流用 0~1A 数字显示电流表。测量发射极电流 I_a 用 0~1000μA 数字式电流表。

三、实验仪器

WF-Ⅲ型金属电子逸出功测定仪。

四、实验内容与要求

（1）熟悉仪器，接好线路，接通电源预热 10min。

（2）取灯丝电流从 0.55~0.75A，每隔 0.05A 做一次。对每一灯丝电流在阳极上加 25V，36V，49V，64V，81V，…，144V 电压，各读取一组数 I_a，自拟表格记录。

（3）根据所得数据列表，并作 $\lg I_a$-$\sqrt{U_a}$ 直线，用外延法求出各 I_f 相应的不同温度 T 时的 $\lg I$ 值。

（4）由灯丝电流 I_f 查得对应的阴极温度 T。

（5）由 $\lg I$ 和 T 值，作出 $\lg \dfrac{I}{T^2}$-$\dfrac{1}{T}$ 直线，从直线斜率算出钨的逸出电势 V 和逸出功 eV，并与公认值 4.54eV 比较。

五、注意事项

（1）管子经过高温老化处理，因此灯丝很脆，用时应轻拿轻放。加温与降温以缓慢为宜，尤其灯丝炽热后更应避免强烈振动。实验时 I_f 最高不要超过 0.80A。

（2）实验过程中应将 I_f 稳定在所需的数值上，并随时注意调整。

（3）由于灯丝热动平衡的滞后性，因此需要预热 10min。每调一次灯丝电流，读取一组电流 I_a 时，也略等片刻，以待稳定。

（4）作图时要用坐标纸。

六、思考题

1. 什么是理查森直线法？怎样应用它测得逸出功？优点是什么？
2. 怎样测量零场发射电流？
3. 分析本实验产生测量误差的原因。

（朱世坤）

实验七　弗兰克-赫兹实验

1913 年，丹麦物理学家玻尔（N. Bohr）提出并建立了玻尔原子模型理论，认为有原子能级存在。光谱研究可推得这一结论。直接证明原子能级存在的是德国物理学家弗兰克（Franck）和赫兹（G. Hertz）在 1914 年用慢电子与稀薄气体原子碰撞的实验，即弗兰克-

赫兹实验。

玻尔因其原子模型理论获 1922 年诺贝尔物理学奖，弗兰克与赫兹也因该实验于 1925 年获此大奖。弗兰克-赫兹（F-H）实验与玻尔理论在物理学的发展史中起到了重要的作用。

一、实验目的

（1）测量氩原子的第一激发电位。

（2）证实原子能级的存在，加深对原子结构的了解。

（3）了解在微观世界中，电子与原子的碰撞存在概率性。

二、实验原理

1. 玻尔原子理论

原子只能较长久地停留在一些稳定的状态（简称定态），原子在这些状态时，不发出也不吸收能量；各定态有一定的能量，其数值是彼此分立的，原子的能量不论通过什么方式发生改变，只能使原子从一个定态跃迁到另一定态。

原子从一定态跃迁到另一定态而发射或吸收辐射时，辐射频率是一定的。如果用 E_m 和 E_n 代表有关两定态的能量，其辐射频率 ν 由下式确定：

$$h\nu = E_m - E_n \tag{1-59}$$

为了使原子从低能级跃迁到高能级，可以通过吸收具有一定频率 ν 的光子来实现，也可以通过具有一定能量的电子与原子碰撞进行能量交换的办法来实现。本实验就是用后一种方法来进行的。

初速度为零的电子在电位差为 U_0 的加速电场作用下，获得的能量为 eU_0，具有这种能量的电子和稀薄气体原子（如氩原子）发生碰撞时，就会进行能量交换。氩原子的基态能量为 E_0，第一激发态的能量为 E_1，当电子传递给基态氩原子的能量恰好为

$$eU_0 = E_1 - E_0 \tag{1-60}$$

时，氩原子就会从基态跃迁到第一激发态，而相应的电位差 U_0 称为氩的第一激发电位（或称为中肯电位）。测出这个电位差 U_0，就可以由式（1-60）求出原子的基态和第一激发态之间的能量差。如果给予氩原子足够大的能量，可以使原子中的电子离去，这就叫电离。与原子碰撞足以使原子电离的电子，加速时所跨过的电势差称为电离电位 U_∞。

2. 弗兰克-赫兹实验原理

弗兰克-赫兹实验原理图如图 1-36 所示。弗兰克-赫兹管是一个具有双栅级结构的充氩四极管。阴极 K 被加热后产生慢电子。第一栅极 G_1 的作用主要是消除空间电荷对阴极电子发射的影响，提高发射效率，第一栅极 G_1 与阴极 K 之间的电压由栅极电压 U_{G_1K} 提供。电压 U_{G_2K} 加在阴极 K 与第二栅极 G_2 之间，建立一个加速场，使得从阴极发出的电子被加速，穿过管内氩气朝栅极 G_2 运动，U_{G_2K} 称为加速电压。电压 U_{G_2P} 加在板极 P 和栅极 G_2 之间，建立一个反向电场，阻碍电子通过，U_{G_2P} 称为拒斥电压。当电子通过 KG_2 空间进入 G_2P 空间时，如果其能量较大（大于或等于 eU_{G_2P}），就能冲过反向拒斥电场而达到板极 P

形成板流 I_P，由微电流计检出。如果电子在 KG_2 空间与氩原子碰撞，将自己一部分能量给了氩原子而使后者激发的话，电子本身所剩余的能量很小，以致通过栅极后已不足以克服拒斥电场而被斥回到栅极，这时通过微电流计的电流 I_P 将显著减小。

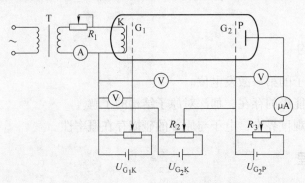

图 1-36   弗兰克-赫兹实验原理图

实验时，使加速电压 U_{G_2K} 逐渐增加，可观察到板流 I_P 随 U_{G_2K} 按图 1-37 所示的曲线规律变化。

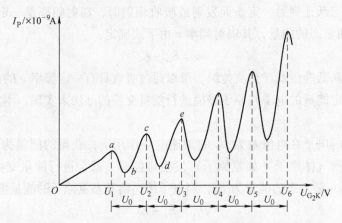

图 1-37 I_P 随 U_{G_2K} 的变化曲线

图 1-37 所示的曲线反映了氩原子在 KG_2 空间与电子进行能量交换的情况。在加速电压刚开始增大时，由于电压较低，电子在 KG_2 空间被加速而获得的能量也较低。即使在运动过程中与气体原子相碰撞，还不足以影响原子内部的能量，碰撞是弹性的，电子在碰撞后无明显的能量损失。穿过栅极并克服反向拒斥电场的电子，所形成的板流 I_P 将随着 U_{G_2K} 的增大而增大。如图 1-37 中的 Oa，直到 U_{G_2K} 达到或稍大于原子的第一激发电位 U_0 时，在栅极附近，电子的能量等于或稍大于原子的第一激发能，电子就在这个区域与气体原子发生非弹性碰撞，几乎把全部能量传给了气体原子，使之从基态激发到第一激发态，而电子本身由于损失了能量不能克服拒斥电场到达板极，所以这时板流从峰值处开始下跌（图中 ab 段）。继续增大加速电压 U_{G_2K}，则电子在离栅极较远处，就已经获得了等于气体原子第一激发能的能量。当它与气体原子发生第一次非弹性碰撞损失掉所具有的能量后，

由于加速电场仍继续作用，电子又能重新获得足够的能量以克服拒斥电场而到达板极，所以电流又从谷值处开始上升（图中 bc 段）。显然加速电压 U_{G_2K} 越大，电子与原子发生第一次非弹性碰撞的地点离栅极越远。当 $U_{G_2K} = 2U_0$ 时，第一次非弹性碰撞将在 KG_2 空间的前一半路程的地方发生，而在后一半路程中，电子又可获得使原子从基态跃迁到第一激发态的能量，在栅极附近与原子发生第二次非弹性碰撞而失掉能量后，因拒斥电场的阻止不能到达板极，于是，电流再度从峰值（第二峰值）处下跌（图中 cd 段）。再增大电压 U_{G_2K}，电流又从谷值（第二谷值）处开始上升。以此类推可知，每当 $U_{G_2K} = nU_0$（$n = 1,2,3,\cdots$）时，板流就会从某个峰值下跌。这样随着加速电压 U_{G_2K} 的增大，电流计就指示出如图 1-37 所示的一系列峰值与谷值。

实验中，板流 I_P 的下降并不是突变的，其峰值总有一定的宽度，这是由于从阴极发出的电子初始能量不完全一样。由于电子与原子碰撞有一定的概率，大部分电子在栅极 G_2 前与原子发生碰撞进行能量交换，但少数电子逃避了碰撞而直接到达板极 P，因此板流 I_P 并不能降到零。

值得注意的是，由于阴极和阳极一般采用不同的金属材料制成，从而产生接触电位差，使得整个曲线沿电压轴偏移或者说引起峰值的位置沿电压轴偏移。在图 1-37 中与曲线第一峰值对应的电压 U_1 并不等于而是稍大于原子的第一激发电位 U_0，与第二、第三峰值对应的电压 U_2 和 U_3 同样也不等于而是稍大于 $2U_0$ 和 $3U_0$。然而每两个相邻峰值（或谷值）对应的加速电压的差值都相等且都等于 U_0，即

$$U_2 - U_1 = U_3 - U_2 = \cdots = U_{n+1} - U_n = U_0 \tag{1-61}$$

实验中通过测量两相邻峰值（或谷值）对应的电位差的方法来确定待测气体原子的第一激发电位。

不同原子的第一激发电位 U_0 都不相同，如汞原子为 4.9V，钠原子为 2.1V，钾原子为 1.6V。一些惰性气体的原子第一激发电位则较高，如氖原子为 16.7V，氩原子为 11.7V 等。

处于激发态的原子是不稳定的，要从激发态进行相反的跃迁而回到基态。在进行反向跃迁时，就应有 eU_0 电子伏特的能量以具有一定频率的光子的形式辐射出来。按照玻尔理论，原子从第一激发态跃迁回基态时放出的光子频率为

$$\nu = \frac{E_2 - E_1}{h} \tag{1-62}$$

由式（1-60），有

$$\nu = \frac{eU_0}{h}$$

又由于 $\nu = \dfrac{c}{\lambda}$，故相应的波长为

$$\lambda = \frac{hc}{eU_0}$$

式中，h 为普朗克常量；c 为光速。对于汞，$U_0 = 4.9\text{V}$，则 $\lambda = 253.7\text{nm}$。在光谱学的研

究中确实观测到了这条波长 $\lambda = 253.7\text{nm}$ 的紫外谱线。

三、实验仪器

1. ZKY-FH 智能弗兰克-赫兹实验仪

图 1-38 所示为弗兰克-赫兹实验仪面板图，以功能划分为以下 8 个区：

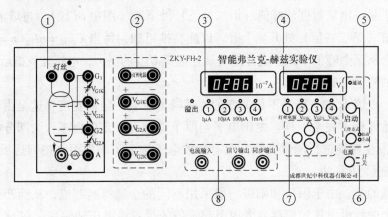

图 1-38　弗兰克-赫兹实验仪面板图

（1）弗兰克-赫兹管各电压输入连接插孔和板极电流输出插孔。

（2）弗兰克-赫兹管所需激励电压的输出连接插孔，其中左侧输出孔为正极，右侧为负极。

（3）测试电流指示区。四位七段数码管指示电流值。4 个电流量程挡位选择按键用于选择不同的最大电流量程挡；每一个量程选择同时备有一个选择指示灯指示当前电流量程挡位。

（4）测试电压指示区。四位七段数码管指示当前选择电压源的电压值。4 个电压源选择按键用于选择不同的电压源；每一个电压源选择都备有一个选择指示灯指示当前选择的电压源。

（5）工作状态指示区。通信指示灯指示实验仪器与计算机的通信状态；启动按键，与工作方式按键共同完成多种操作。

（6）电源开关。

（7）调整按键区，用于改变当前电压源电压设定值，设置查询电压点。

（8）测试信号输入输出区。电流输入插孔输入弗兰克-赫兹管板极电流，信号输出和同步输出插孔可将信号送示波器显示。

2. 开机后的初始状态

开机后，实验仪面板状态显示如下：

（1）实验仪的"1mA"电流挡位指示灯亮，表明此时电流的量程为 0～1mA，电流显示值为 000.0μA（若最后一位不为 0，属正常现象）。

（2）"灯丝电压"挡位的指示灯亮，表示此时修改的电压为灯丝电压，电压显示值为

000.0V；最后一位在闪动，表明现在修改的为最后一位。

（3）"手动"指示灯亮，表明此时实验操作方式为手动。

3. 变换电流量程

如果想变换电流量程，则按下在（3）区中的相应电流量程按键，对应量程的指示灯点亮，同时电流的小数点位置随之变化，表明量程已变换。

4. 修改电压值方法

按下面板上的"＜"、"＞"键，可使当前的修改位进行循环移动，按"∧"、"∨"键，电压值在当前修改位递增、递减一个增量单位。

5. 开机预热

预热条件如下：

（1）电流量程、灯丝电压、栅极电压、拒斥电压参数见仪器机箱盖上的标示参数。

（2）将加速电压设置为30V。

（3）预热10min。

四、实验内容与要求

1. 实验步骤

（1）将随机提供的电源连线插入后面板的电源插座中；连接面板上的连接线，连接图如图1-39所示。务必反复检查，切勿有错！

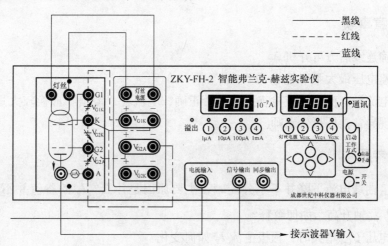

图1-39　弗兰克-赫兹管连线图

（2）检查开机状态，应与实验仪器第2条一致。开机预热10min。

（3）实验采用手动操作，此时加速电压U_{G_2K}的最小增量单位为0.5V。在测试过程中，每改变一次加速电压（U_{G_2K}），F-H管的板极电流值（I_P）随之改变，将加速电压从0V上升到82V，观察电流I_P的变化情况，若有电流溢出的现象，应重新选择合适的电流量程。

（4）记录板极电流I_P随加速电压U_{G_2K}变化的一一对应的数据。要求测量结果不得少于5个波峰（或波谷），每个波形上不得少于5个实验点。实验结束后，用坐标纸作出I_P-U_{G_2K}曲线图，并对图形进行分析，求出氩原子的第一激发电位及其不确定度。

（5）按下"启动"键，加速电压（U_{G_2K}）值将被设置为"0"，其他参数数值不变，操作者可在原参数状态下重新进行测试，或修改参数后进行测试。

（6）测试电流也可以通过示波器进行观察。将区（8）的"信号输出"和"同步输出"分别连接到示波器的信号通道和外同步通道，调节好示波器的同步状态和显示幅度，按上述内容（4）的方法操作实验仪，在示波器上即可看到F-H管板极电流的即时变化。

（7）采用"自动"法进行观察。在"手动"状态下设置各参数（与预热条件相同），转为"自动"状态，设置终止加速电压（82V），按"启动"键即可进行自动测试。改变拒斥电压2~3V，用示波器观察波形随拒斥电压的变化。"自动"测量完毕，该参数下的测量数据自动存储在实验仪器中，通过改变加速电压值可查询相应的电流值。记录最后一个波峰（或波谷）的电压、电流值，分析I_P随拒斥电压改变的规律及原因。从"自动"转为"手动"时参数将归为零，注意要再次设置参数。

2. 数据处理

（1）将实验内容（4）中所测数据记录在自拟的表格中。

（2）以加速电压U_{G_2K}为横轴，以板流I_P为纵轴，作I_P-U_{G_2K}关系曲线。

（3）计算每两个相邻峰值（或谷值）对应的U_{G_2K}，并求出平均值、标准不确定度和相对不确定度。

五、注意事项

（1）正确连线后方可开机。

（2）加速电压最大不得超过82V。

（3）若电流没有变化，应检查连线是否正确，电流若"溢出"应换较大量程。

（4）出现异常立即报告老师。

六、思考题

1. I_P-U_{G_2K}曲线电流下降并不十分陡峭，主要原因是什么？I_P的谷值并不为零，而且谷值依次沿U_{G_2K}轴升高，如何解释？

2. 拒斥电压U_{G_2P}增大时，板极电流I_P如何变化？

3. 当温度较高时，I_P-U_{G_2K}曲线的第一个极大值不易出现，说明原因。

（聂宜珍）

实验八　电子比荷的测量

带电粒子在电场和磁场中会受到电场力和磁场力的作用，其运动状态会发生变化。这种现象的发现，为科学实验及工程技术带来了极大的应用价值。

带电粒子的电荷量与质量的比值，称为电子的**比荷**，是带电微观粒子的基本参数之一。比荷的发现对电子的存在提供了最好的实验证据，在近代物理学的发展中具有重要意义，是研究物质结构的基础。

电子比荷的测定方法比较多，本实验只介绍磁控管法和磁聚焦法，其他方法读者可查阅其他相关资料，了解实验原理及实验方法。

方法一 用磁控管法测定电子比荷

一、实验目的

（1）学习利用真空二极管法测定电子比荷的原理。

（2）掌握用真空二极管法测定电子比荷的方法。

二、实验原理

借助金属电子逸出功测定仪测定电子的比荷，在该仪器的核心部件——真空二极管（也称磁控二极管）中，阴极和阳极为一同轴圆柱系统，如图 1-40 所示，外圈是一个圆筒形的阳极，阴极是一根直立于圆筒中心的钨丝，由通过它的电流直接加热，使其发射电子。如果在阳极和阴极之间加上直流电压，就会在两极之间形成一个轴对称的径向电场。若在磁控管外套上一个同轴的长直螺线管，并给螺线管通一电流，就会形成一个轴向的均匀磁场，其磁场的分布如图 1-41 所示。

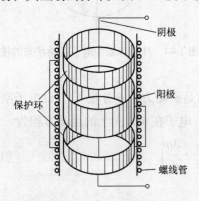

图 1-40 真空二极管的构造

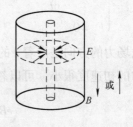

图 1-41 真空管内的电磁场分布

电子从阴极发射出来以后，在径向电场的作用下加速向阳极运动，在加速运动过程中同时又受到轴向均匀磁场的作用，使电子运动轨迹发生弯曲，磁场越强，轨迹弯曲得越厉害。当磁感应强度 B 达到某个临界值时，电子束就不可能到达阳极，阳极电流急剧下降，并突然截止，如图 1-42 和图 1-43 所示。

电子运动状态如图 1-44 所示，R_1 是阴极钨丝的半径，R_2 是阳极金属筒的半径，电子的运动方程为

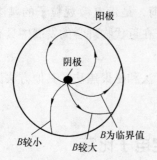

图 1-42 电子运动轨迹示意图

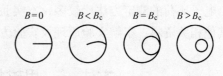

图 1-43 不同磁场 B 下电子轨迹的弯曲程度

$$\begin{cases} a_r = \dfrac{\mathrm{d}v_r}{\mathrm{d}t} = \dfrac{\mathrm{d}^2 r}{\mathrm{d}t^2} - r\left(\dfrac{\mathrm{d}\theta}{\mathrm{d}t}\right)^2 \\[2mm] a_\theta = r\dfrac{\mathrm{d}v_\theta}{\mathrm{d}t} = r\dfrac{\mathrm{d}^2\theta}{\mathrm{d}t^2} + 2\dfrac{\mathrm{d}r}{\mathrm{d}t}\cdot\dfrac{\mathrm{d}\theta}{\mathrm{d}t} \\[2mm] a_z = \dfrac{\mathrm{d}v_z}{\mathrm{d}t} = \dfrac{\mathrm{d}^2 z}{\mathrm{d}t^2} \end{cases} \tag{1-63}$$

假定磁场沿着 z 轴正方向，电子受到的洛伦兹力为

$$\boldsymbol{F} = e\,\boldsymbol{v} \times \boldsymbol{B} \tag{1-64}$$

它的各个分量分别为

$$\begin{cases} F_r = -erB\dfrac{\mathrm{d}\theta}{\mathrm{d}t} = ma_r \\[2mm] F_\theta = eB\dfrac{\mathrm{d}r}{\mathrm{d}t} = ma_\theta \\[2mm] F_z = 0 \end{cases} \tag{1-65}$$

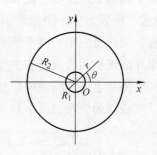

图 1-44 柱坐标系中电子运动状态的描述

径向电场力的方向是沿着 r 的方向，θ 方向的力是磁场力的 θ 分量 F_θ，设电子刚离开阴极表面时的初速度很小，可以忽略，则 $r = R_1$ 时，电子在 θ 方向上的运动方程为

$$eB\frac{\mathrm{d}r}{\mathrm{d}t} = m\left(r\frac{\mathrm{d}^2\theta}{\mathrm{d}t^2} + 2\frac{\mathrm{d}r}{\mathrm{d}t}\cdot\frac{\mathrm{d}\theta}{\mathrm{d}t}\right) \tag{1-66}$$

由式（1-66）可解得

$$\frac{\mathrm{d}\theta}{\mathrm{d}t} = \frac{eB}{2m}\left(1 - \frac{R_1^2}{r^2}\right) \tag{1-67}$$

电子的动能来源于电场力对电子做功，考虑到 z 轴方向上电子的初速度为 0，电子到达阳极时，电场力对电子所做的功为 eU，所以电子的动能为

$$E_k = \frac{1}{2}m\left[\left(\frac{\mathrm{d}r}{\mathrm{d}t}\right)^2 + r^2\left(\frac{eB}{2m}\right)^2\left(1 - \frac{R_1^2}{r^2}\right)^2\right] = eU \tag{1-68}$$

当磁场增加到恰好使阳极电流截止时的临界磁场值 $B = B_c$ 时，在 $r = R_2$ 处应有 $\dfrac{\mathrm{d}r}{\mathrm{d}t} = 0$，

且 $R_1 \ll R_2$，则磁场的临界值 B_c 为

$$B_c = \left(\frac{8mU}{eR_2^2} \right)^{\frac{1}{2}} \tag{1-69}$$

由式（1-69）得到电子的比荷为

$$\frac{e}{m} = \frac{8U}{R_2^2 B_c^2} \tag{1-70}$$

由此可见，只要在实验中测出在一定的阳极电压 U 及使阳极电流截止的临界磁场 B_c，就可以求出电子的比荷 $\dfrac{e}{m}$，这种测定电子比荷的方法称为**磁控管法**。

长直螺线管轴线上某一点 P 的磁场由下式确定：

$$B = \frac{\mu_0 nI}{2} \left[\frac{x+L}{\sqrt{R^2+(x+L)^2}} - \frac{x-L}{\sqrt{R^2+(x-L)^2}} \right] \tag{1-71}$$

式中，$\mu_0 = 4\pi \times 10^{-7} \mathrm{T \cdot m \cdot A^{-1}}$；$R$ 是螺线管的半径；$2L$ 是螺线管的长度；N 是螺线管的匝数；$n = \dfrac{N}{2L}$ 是单位长度的匝数；x 是 P 点到螺线管中心处的距离。当 P 点在螺线管的中心部位时，$x = 0$，则式（1-71）可简化为

$$B = \frac{\mu_0 nL}{\sqrt{R^2+L^2}} I \tag{1-72}$$

代入式（1-70），得

$$\frac{e}{m} = \frac{8(R^2+L^2)}{(\mu_0 nLR_2)^2} \cdot \frac{U}{I_c^2} \tag{1-73}$$

式中，I_c 是阳极电流截止时螺线管的励磁电流。

从理论上讲，当螺线管的励磁电流使磁场达到临界值时，阳极电流 I_a 应截止；但由于自由电子按费米统计有一个能量分布范围，不同能量的电子因速度不同在磁场中运动半径也不同，同时由于理想二极管在制造时也不能保证阴极和阳极完全同轴，所以随着轴向磁场的加强，在临界点附近阳极电流的下降不是突变的，而是一个逐步降低的过程。只有当磁场很强，绝大多数电子的圆周运动半径都很小时，阳极电流才几乎断流，达到"磁控"目的。在一定的阳极加速电压下，阳极电流 I_a 与励磁电流 I 的关系如图 1-45 所示。阳极电流 I_a 在 1~2 段几乎不发生改

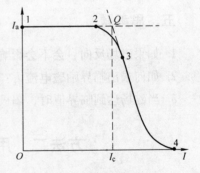

图 1-45　I_a-I 的关系曲线

变，阴极发射的电子几乎都能到达阳极。在 2~3 段弯曲的曲率最大，从 3 以后，随着 I 的加大，I_a 逐步减小，到达 4 附近时 I_a 几乎降到 0。I_c 点的确定可按图 1-45 中过 2 和 3 两点的两条切线的交点 Q 的横坐标来确定。

三、实验仪器

WF-Ⅲ型金属电子逸出功测定仪（含附件）。

四、实验内容与要求

以 WF-Ⅲ型金属电子逸出功测定仪为例。

励磁线圈参数为：长度 $2L$，内径，外径，线径，线圈匝数 N，它们由实验室给出或查阅仪器参数得到。

（1）首先记录螺线管的参数，即螺线管的匝数 N、半径 R、长度 $2L$，将磁控二极管插入管座，外边套上螺线管。注意套螺线管时，应尽量与磁控二极管共轴。将螺线管线圈引出的两个插头插入相应插孔，并按仪器上的连接图接好电路。

（2）打开电源开关，预热 10min 后，灯丝电流取 0.7A。

（3）调节阳极电压为 14.0V。

（4）将"励磁电流调节"旋钮按逆时针方向旋到最小，然后打开磁场电源开关，将励磁电流调到 50mA。

（5）读取阳极电流值（μA 量级）。

（6）改变励磁电流 I，每增加 50mA 读取一次阳极电流 I_a 值，直到励磁电流 I 为 800mA 为止。

（7）改变阳极电压，依次取 16.0V，18.0V，20.0V，22.0V，每次重复步骤（6）。

（8）画出不同阳极电压的 I_a-I 曲线，从图上求出不同阳极电压值时的临界励磁电流 I_c，代入式（1-73），计算出 $\dfrac{e}{m}$ 值，然后取平均值，求出比荷值。

（9）根据步骤（8）所得到的 I_c 值，作 U-I_c^2 曲线，由斜率求出 $\dfrac{e}{m}$ 值并与步骤（8）的结果进行比较，分析误差来源。

五、思考题

1. 如果磁场反向，会不会影响测量结果？为什么？
2. 如何求出临界励磁电流 I_c？
3. 当磁场达到临界值时，阳极电流 I_a 为什么不立即截止？

方法二　用磁聚焦法测量电子的比荷

一、实验目的

（1）学习用磁聚焦法测量电子比荷的原理。
（2）掌握用磁聚焦法测量电子比荷的方法。

二、实验原理

在一个长直螺线管内平行地放置一示波管，螺线管通电时可以产生一个均匀的轴向磁

场 B，与示波管内轴向运动的电子束平行。在示波管的热阴极与阳极之间加有直流高压 U，使阴极发射的电子加速运动。设阴极发射出来的电子在脱离阴极时，沿磁场方向运动的初速度为零，经阴极与阳极之间电场加速后速度为 $v_{/\!/}$，这时电子的动能增加为 $\frac{1}{2}mv_{/\!/}^2$。由能量守恒定律可知，电子动能的增加应等于电场力对它所做的功，即

$$\frac{1}{2}mv_{/\!/}^2 = eU \tag{1-74}$$

只要加速电压 U 是确定的，电子沿磁场方向的速度分量 $v_{/\!/}$ 就是确定的，即

$$v_{/\!/} = \sqrt{\frac{2eU}{m}} \tag{1-75}$$

由示波管的结构图 1-46 知，若第一阳极 A_1 和第二阳极 A_2 以及 x 轴和 y 轴两对极板都连在一起，它们同电位，电子在第二阳极至荧光屏这段距离中间不再受电场力的作用，电子的 $v_{/\!/}$ 不会改变。

若在 y 偏转板上加一交变电压，可使电子束产生偏转，电子束就获得一个与管轴垂直的速度分量 $v_\perp$。如果暂不考虑电子轴向速度分量 $v_{/\!/}$ 的影响，则电子在磁场的洛伦兹力 $F = -ev \times B$ 的作用下，在垂直于轴线的平面上作圆周运动。该力起着向心力的作用，根据牛顿第二定律，有

$$ev_\perp B = \frac{mv_\perp^2}{R} \tag{1-76}$$

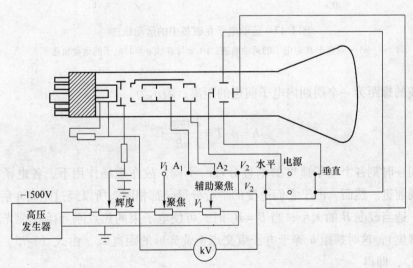

图 1-46 示波管结构及正向聚焦时机内电路连接图

于是电子的回旋半径

$$R = \frac{mv_\perp}{eB} \tag{1-77}$$

如果条件不变，电子将始终作圆周运动，速度大的电子圆周运动的回旋半径 R 也大，速度小的电子圆周运动的回旋半径 R 也小。电子的回旋角频率为

$$\omega = \frac{v_\perp}{R} = \frac{eB}{m} \tag{1-78}$$

电子的回旋周期为

$$T = \frac{2\pi}{\omega} = \frac{2\pi m}{eB} \tag{1-79}$$

式（1-79）说明电子的回旋周期 T 与轨道半径 R 及速率 $v_\perp$ 无关，只与磁场 $\boldsymbol{B}$ 的大小有关。

当电子速度 v 与磁场 $\boldsymbol{B}$ 不是垂直而是成任一角度 θ 时，可将 v 分解为平行于 $\boldsymbol{B}$ 磁场的分量 $v_{/\!/}$ 和垂直于磁场 $\boldsymbol{B}$ 的分量 $v_\perp$，电子以 $v_\perp$ 作垂直于磁场 $\boldsymbol{B}$ 的圆周运动，同时又以 $v_{/\!/}$ 沿着磁场方向作匀速直线运动，而这时电子的实际运动轨迹是这两种运动的合成，即为一条螺旋线，如图 1-47 所示。

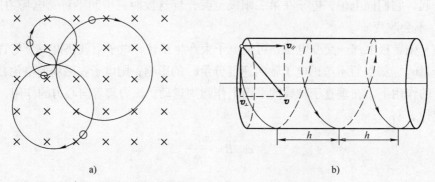

a)   b)

图 1-47　运动电子在磁场中的运动轨迹

a) v 垂直于 $\boldsymbol{B}$ 时电子的运动轨迹　b) v 与 $\boldsymbol{B}$ 成 θ 角时电子的运动轨迹

螺旋线的螺距为一个周期内电子前进的距离，表示为

$$h = v_{/\!/} T = \frac{2\pi m v_{/\!/}}{eB} \tag{1-80}$$

由于同一时刻各个电子速度的垂直分量 $v_\perp$ 不同，故在磁场作用下，各电子将沿不同半径的螺线前进。然而，由于它们速度的平行分量 $v_{/\!/}$ 都相同，所以经过距离 h 后它们又会重新相交，适当改变 $\boldsymbol{B}$ 的大小，当 $B = B_c$ 时，可使电子束的焦点刚巧落在荧光屏上（这称为一次聚焦），这时螺距 h 等于电子束交点至荧光屏的距离 L_0，由式（1-75）和式（1-80）消去 $v_{/\!/}$，即得

$$\frac{e}{m} = \frac{8\pi^2 U}{L_0^2 B_c^2} \tag{1-81}$$

式（1-81）中的 B_c、U 及 L_0 均可测量，于是可算得电子的比荷。如果继续增大 B，使电子流的螺距相继减小为 $\frac{1}{2}L_0$，$\frac{1}{3}L_0$，…，则相应的电子在磁场作用下旋转 2 周，3 周，

…后聚焦于荧光屏上，这称为二次聚焦、三次聚焦等。因为示波管在长直螺线管中间部位，B 应是螺线管中部磁场平均值，其表达式为

$$B = \frac{4\pi I_0 \times 10^{-7}}{\sqrt{D^2 + L^2}} \tag{1-82}$$

将式（1-82）代入式（1-81），得

$$\frac{e}{m} = \frac{kU}{I_0^2} \tag{1-83}$$

式中，$k = \frac{(D^2 + L^2) \times 10^{14}}{2L_0^2 N^2}$，为仪器常数，不同的仪器有不同的值，其中，$D$ 为螺线管线圈平均直径，L 为螺线管线圈长度，N 为螺线管线圈匝数，L_0 为示波管阳极到荧光屏之间的距离（以上各量的具体数值参见仪器说明书，或由实验室提供）；I_0 为光斑进行三次聚焦时对应的励磁电流的平均值。

当保持 U 不变时，光斑第一次聚焦的励磁电流为 I_1；第二次聚焦的电流 $I_2 = 2I_1$，磁感应强度 B 增加一倍，电子在管内绕 z 轴转两周；同理，第三次聚焦的电流为 $I_3 = 3I_1$。所以

$$I_0 = \frac{I_1 + I_2 + I_3}{1 + 2 + 3}$$

改变 U 值，重新测量，实验时要求 U 分别取两个不同的值，每个 U 值实现三次聚焦，测出 $\frac{m}{e}$，求出平均值，并与公认值 $\frac{m}{e} = 1.75881962 \times 10^{11} \mathrm{C} \cdot \mathrm{kg}^{-1}$ 比较，求出百分误差。

三、实验仪器

DHB 型电子比荷测量仪，电源。

四、实验内容与要求

（1）示波管阴极加速电压调节范围为 $-800 \sim -1360\mathrm{V}$，建议实验时分别取 $-1000\mathrm{V}$ 和 $-1200\mathrm{V}$（也可选其他电压值）。

（2）调节亮度旋钮（调节栅极相对于阴极的负电压）、聚焦旋钮（即调节第一阳极电压，改变电子透镜的焦距，达到聚焦的目的）和加速电压旋钮，观察各种旋钮的作用。实验中必须注意，亮点的亮度切勿过亮，以免烧坏荧光屏。实验中观察栅极相对于阴极的负电压对亮度的影响，并说明原因。

（3）调节加速电压，若加速电压约为 $-1000\mathrm{V}$，电子只要穿过加速电极就在零电场中作匀速运动，这时来自电子束交叉点的发散的电子束将不再会聚，而在荧光屏上形成一光斑。为了使电子束聚焦，螺线管接上电源，加上均匀磁场 B，调节螺线管的励磁电流 I，观察聚焦现象。继续加大励磁电流 I，以加大螺线管磁场 B，这时将观察到第二次聚焦、

第三次聚焦等。记录实验数据并代入式（1-83）计算出$\frac{e}{m}$。

（4）将螺线管磁场的方向反向，再做一次，按要求测定各项数据，计算出电子比荷的平均值。

（5）调节加速电压为 -1200V，按步骤（3）、（4）的要求完成实验。

五、注意事项

（1）实验时，周围应无其他强磁场及铁磁物质，仪器应南北方向放置，以减少地磁场对测试精度的影响。

（2）螺线管不要长时间通以大电流，以免烧坏线圈。

（3）改变加速电压后，亮点的亮度会改变，应重新调节亮度，勿使亮点过亮；否则容易损坏荧光屏，同时聚焦好坏也不易判断。调节亮度后，加速电压值也可能有了变化，再调到规定的电压值即可。

六、思考题

1. 若亮点过亮，应调节哪一旋钮使亮度适宜？为什么能改变亮度？
2. 电聚焦与磁聚焦最主要的区别是什么？
3. 如何根据磁场大小的变化来判断是一次聚焦还是二次聚焦？

（朱世坤）

实验九　光偏振现象的研究

1809 年，法国工程师马吕斯在实验中发现了光的偏振现象。对于光的偏振现象研究，使人们对光的传播（反射、折射、吸收和散射等）规律有了新的认识，特别是近年来利用光的偏振性所开发出来的各种偏振光元件、偏振光仪器和偏振光技术，在现代科学技术中发挥了极其重要的作用。在光调制器、光开关、光学计量、应力分析、光信息处理、光通信、激光和光电子器件等应用中，都大量使用了偏振技术，对偏振光现象的研究具有重要的实际意义。

一、实验目的

（1）用不同的方法获得偏振光，并对其进行检验。

（2）加深对$\frac{1}{4}$波片和$\frac{1}{2}$波片原理的理解。

（3）观察并分析平面偏振光通过各种波片后偏振态的改变。

（4）学会鉴别不同的偏振光。

二、实验原理

（1）查阅有关光学教材中关于光的偏振部分的内容。

（2）查阅物理实验教材关于偏振实验的有关内容。

（3）了解光强检测相关器件的特性（如光电池及低内阻的灵敏电流计等）。

三、实验仪器

以 GSZ-2B 型光学平台为主，自组仪器装置。

四、实验内容与要求

设计下列实验方案：

（1）一套确定偏振片主截面的实验方案。

（2）一套观察半波片对偏振光影响的方案。

（3）一套产生与检验椭圆和圆偏振光的实验方案。

（4）一套鉴别椭圆偏振光和部分偏振光、圆偏振光和自然光的实验方案。

（5）用一只 $\frac{1}{4}$ 波片和一只检偏器判断椭圆偏振光旋转方向的方案。

对上述各方案要阐述实验原理（包含实验装置图），拟订实验步骤，记录相关现象及数据，通过现象和数据的分析来说明实验结论。

五、思考题

通过实验对偏振光有了较深入的认识，对偏振光目前有哪些具体应用展开讨论。

（朱世坤）

实验十　自组显微镜与望远镜

显微镜和望远镜是日常生活中经常使用的光学仪器，通过自组显微镜和望远镜了解和加深对透镜和透镜组成像规律的理解，通过实验了解透镜组的放大倍率和单个透镜的关系。

一、实验目的

（1）掌握显微镜的结构、原理；学会选择透镜组成显微镜。

（2）掌握望远镜的结构、原理；学会选择透镜组成望远镜。

二、实验内容与要求

1. 用透镜组成显微镜并测量其放大倍数

（1）画出显微镜的设计光路图。

（2）测量并计算显微镜的放大倍数。

2. 用透镜组成望远镜并测量其放大倍数

（1）画出望远镜的设计光路图。

（2）测量并计算望远镜的放大倍数。

三、实验仪器

光学平台，透镜架，基座，白炽灯光源，米尺。

四、实验提示

（1）通过凸透镜可以成虚像和实像的特性进行透镜的适当选择。

（2）可选择多个透镜进行组合，并适当组合消除像差。

（杜晓超）

实验十一　制作全息光栅

全息照相就是利用干涉方法将自物体发出光的振幅和位相信息同时完全地记录在感光材料上，所得的光干涉图样在经光化学处理后就成为全息图。当按照所需要的光照明此全息图，能使原先记录的物体光波的波前重建。这是20世纪60年代发展起来的一种新的照相技术，是激光的一种重要的应用。

全息光栅是利用全息照相技术，在全息干版上曝光、成像得到的全息干涉条纹。

一、实验目的

（1）学习和掌握全息照相的基本原理。

（2）制作全息光栅。

（3）测定光栅常量。

二、实验仪器

全息实验台（包括激光源及各种镜头支架、载物台、底片夹等部件和固定这些部件所用的磁钢），全息照相感光胶片（全息干版），暗室冲洗胶片的器材等。

防震全息台，He-Ne激光器，扩束镜，分束板，反射镜，毛玻璃屏，调节支架若干，米尺，定时器及电磁快门，照相冲洗设备。

三、实验内容及要求

1. 设计一个可以制作全息光栅的光路

（1）画出制作全息光栅的光路图。

（2）提出所需仪器设备及器材（在已给装置中选择，若被选仪器中无所需装置则提出所需仪器）。

2. 测定制作出的全息光栅的光栅常量

（1）画出测定光栅常数的光路图。

（2）测定光栅常数并分析说明光栅的适用范围。

四、实验提示

（1）使用单色光源，利用装置将光源发出的光分为两束相干光。

（2）相干光进行干涉，可得到干涉条纹，设法记录下干涉条纹，可使用感光材料记录。

五、注意事项

（1）布置光路时，调节光学元件的高低和位置，使激光束的高低与面台平行，并使参、物光的光程基本相等。

（2）在做全息光栅实验时应计算物点和参考点与全息干版的相对位置。

六、附录　全息底片冲洗药液

1. 显影液

一般采用 D-19 高反差显影液，其配方如下：

（1）温水 50℃　　　　　　　800ml

（2）米土尔　　　　　　　　　2g

（3）无水亚硫酸钠　　　　　　90g

（4）对苯二酸　　　　　　　　8g

（5）无水碳酸钠　　　　　　　48g

（6）溴化钾　　　　　　　　　5g

将上述药品放入容器中溶解后，再加水至 1000ml 即可。显影温度控制在 20～25℃，显影时间为 3～5min。

2. 定影液

一般可用 F-5 酸性定影液，其配方如下：

（1）温水 60～70℃　　　　　600ml

（2）结晶硫代硫酸钠　　　　　240g

（3）无水亚硫酸钠　　　　　　15g

（4）醋酸 30%　　　　　　　　45ml

（5）硼酸　　　　　　　　　　7.5g

（6）铝钾矾　　　　　　　　　15g

将上述药品溶解后，加水至 1000ml。定影时间约 10min。

3. 漂白液

配方一：

（1）硫酸铜溶液 20%   42.5ml

（2）溴化钾溶液 20%   42.5ml

（3）饱和重铬酸钾溶液   15ml

（4）浓盐酸   10 滴

混合后加水至 300ml。

配方二：

（1）氯化汞   25g

（2）溴化钾   25g

混合后加水至 1000ml。

（杜晓超）

第二章 工程技术素质提高

《大学物理实验——提高篇》主要教学对象是理工科大学生，实验内容的开设不仅要考虑提高学生的物理实验素质，还要有利于学生毕业后从事科学研究和技术开发工作，注重学生的工程意识的培养和工程技术素质的提高。

本章安排了十一个实验项目，分为三个部分。

第一部分是直接应用工程技术中的仪器来做物理实验，如用焦距仪测量透镜的参数，这一实验项目所用的焦距仪是装校、调整、检验光学元件的重要仪器。学生通过实验可以熟悉仪器的结构，学习调整仪器的方法、测量透镜参数的原理，并用实验方法求出透镜的有关参数，判别透镜的成像质量。学生通过这样系统的训练，可以缩短教学实验和工程技术之间的距离。

第二部分是与工程技术结合紧密的项目，如霍尔元件测量磁场，不仅仅要求学生了解磁场的分布，学会测量磁场的大小，还要求学生了解用霍尔元件测量磁场的原理，这样学生对工程技术应用中所使用的测量磁场的仪器——特斯拉计的工作原理就迎刃而解了，可以达到触类旁通的效果。

第三部分是测量工程技术中所用材料的有关参数和有关元件的特性，如测量不良导体的热导率，测定铁磁材料的磁滞回线和光纤音频信号传输特性等。学生不仅可以获取材料的参数，了解材料的性能，更重要的是掌握实验思想和方法，并将这些方法灵活应用于工程技术中，结合具体问题科学构思，设计出简捷高效的实验方案。

实验十二 动态法测弹性模量

弹性模量是固体材料的重要物理参数，它反映了固体材料抵抗外力产生拉伸（或压缩）形变的能力，是选择机械构件材料的依据之一。弹性模量是固体材料在弹性形变范围内正应力与相应正应变的比值，其数值大小跟材料的结构、化学成分和加工制造方法有关。它的测量方法有静力学拉伸法和动力学共振法。前者常用于大形变、常温下的测量，由于该法载荷大，加载速度慢，有弛豫过程，不能真实地反映材料内部结构的变化，既不适用于对脆性材料的测量，也不易测量材料在不同温度时的弹性模量。后者不仅克服了前者的上述缺陷，而且使用范围宽，在有关的国家标准（GB/T 2105—1991）中推荐采用该方法。本实验采用后者来测定材料的弹性模量。

一、实验目的

（1）学会用动力学共振法测定材料的弹性模量。

（2）了解压电陶瓷换能器的功能，熟悉信号源和示波器的使用。

（3）学习用外延法处理实验数据。

（4）培养学生运用多种仪器和测试手段对某一物理量进行测量的综合实验能力。

二、实验原理

1. 细长圆木棒的弹性模量

将被测材料做成圆形细长棒状。根据数学物理方法原理可知，棒的横振动方程为

$$\frac{\partial^4 y}{\partial x^4} + \frac{\rho S}{EJ} \frac{\partial^2 y}{\partial t^2} = 0 \tag{2-1}$$

式中，y 为棒振动的位移；E 为棒的弹性模量；S 为棒的横截面积；J 为棒的转动惯量；ρ 为棒的密度；x 为位置坐标；t 为时间变量。

当信号源的频率等于测试棒的固有频率（基频）f 时，将发生共振，对圆柱形棒有

$$E = 1.6067 \frac{L^3 m f^2}{d^4} \tag{2-2}$$

棒的横振动节点与振动级次 n 有关，当 n 为 $1,3,5,\cdots$ 时对应于对称形振动，当 n 为 $2,4,6,\cdots$ 时对应于反对称形振动。

图 2-1 给出了当 $n=1,2,3,4$ 时的振动波形。由 $n=1$ 的图可以看出，试样棒在作基频振动时存在两个节点，它们的位置距离端面分别为 $0.224L$ 和 $0.776L$。

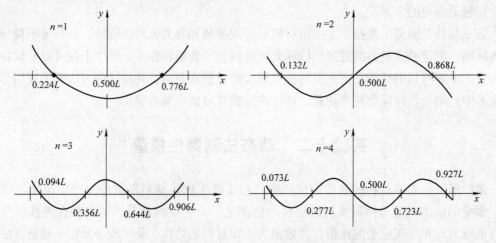

图 2-1　两端自由棒 $n=1,2,3,4$ 时的振动波形图

物体的固有频率 $f_{固}$ 和共振频率 $f_{共}$ 是两个不同的概念，它们之间的关系为

$$f_{固} = f_{共} \sqrt{1 + \frac{1}{4Q^2}} \tag{2-3}$$

式中，Q 为试样的机械品质因数。对于悬挂法测量，一般 Q 的最小值约为 50，共振频率和固有频率相比只低 0.005%，本实验中只能测出试样的共振频率，由于两者相差很小，因此，固有频率可用共振频率代替。

为了测出共振频率，由频率连续可调的音频信号源输出等幅正弦电信号，经激振换能

器转换为同频率的机械振动，再由悬丝（悬丝起耦合作用）将机械振动传给试样棒，使试样棒作受迫振动，试样棒另一端的悬丝再把试样棒的机械振动传给拾振换能器，这时机械振动又转变成电信号，该信号经过选频放大器滤波放大，再送至示波器显示。

当信号源的频率不等于试样棒的固有频率时，试样棒不发生共振，示波器上几乎没有电信号波形或波形很小。当信号源的频率等于试样棒的固有频率时，试样棒发生共振，这时示波器上的波形突然增大，在频率计上读出的频率就是试样棒在室温下的共振频率，代入式（2-2）即可计算出室温下的弹性模量。如果有可控温加热炉，还可以测出在不同温度时的弹性模量。

共振检测装置如图 2-2 所示。

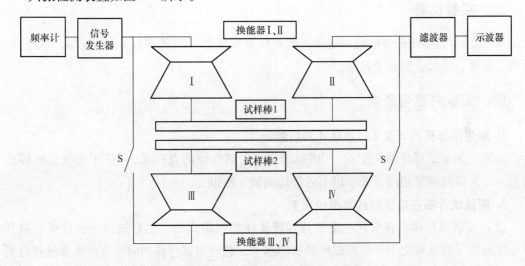

图 2-2 共振检测装置框图

2. 外延测量法

在实验中，由于悬丝对试样棒振动的阻尼作用，所检测到的共振频率大小是随悬挂点的位置而变化的；由于压电换能器所拾取的是悬挂点的加速度共振信号，而不是振幅共振信号，并且所检测到的共振频率随悬挂点到节点距离的增大而增大。若要测量试样棒的基频共振频率，只有将悬丝挂在节点处。处于基频振动模式时，试样棒上存在两个节点，它们的位置距离端面分别为 $0.224L$ 和 $0.776L$。由于在节点处的振动频率几乎为零，很难激振和检测，所以要想测得试样棒的基频共振频率需要采用外延测量法。所谓外延测量法，就是所需要的数据在测量数据范围之外，一般很难测量，为了求得这个数值，采用作图外推求值的方法。具体地说就是先使用已测数据绘制出曲线，再将曲线按原规律延长到待求值范围，在延长线部分求出所要的值。外延法只适用于在所研究范围内没有突变的情况，否则不能使用。在本实验中就是以悬挂点位置为横坐标，以相对应的共振频率为纵坐标作出关系曲线，求得曲线最低点（即节点）所对应的频率即为试样棒的基频共振频率。

3. 鉴频

鉴频就是对试样共振模式及振动级次的鉴别，它是准确测量的重要步骤。在作频率扫描时，会发现试样棒不只在一个频率处发生共振现象，而式（2-2）只适用于基频共振的情况，所以要确认试样棒是在基频频率下共振。

可采用阻尼法鉴频。沿试样棒长度的方向轻触棒的不同部位，同时观察示波器，在波节处波幅不变化，而在波腹处波幅会变小。当发现在试样棒上有两个波节时，这时的共振就是在基频频率下的共振，从频率计上记下这时的频率值。

也可用李萨如图形法来鉴频。将激振器和拾振器的信号分别输入示波器的 X 通道和 Y 通道，使仪器处于观察李萨如图形状态，调节信号发生器的频率，直到出现稳定的正椭圆，此时即为达到共振状态。

实验中将这两种方法结合起来，互相验证，能够提高测量共振频率的精度。

三、实验仪器

JE-Ⅱ型动力学法弹性模量测定仪，低频信号发生器（带频率计），示波器，试样棒，悬线，天平，米尺，游标卡尺等。

四、实验内容与要求

1. 测量试样棒的长度 L、直径 d 和质量 m

用米尺测量试样棒的长度 L，用游标卡尺测量试样棒的直径 d，用天平称量试样棒的质量 m，为提高测量精度，要求以上各量均测量 5 次以上。

2. 测量试样棒在室温时的共振频率 f

（1）安装试样棒。将两悬丝支架分别置放在标尺零点处，然后选择一试样棒，将其小心地悬挂于两悬丝之上，要求试样棒横向水平，悬丝与试样棒轴向垂直，两悬丝挂点到试样棒端点距离相同，并处于静止状态。

（2）连机。测试板左边信号输入端和信号发生器输出端连接，右边信号输出端接到示波器 Y 轴。使用前先将约 1kHz 的音频信号直接输入耳机检查，应能听到轻微的发声，如没有，可打开耳机盖调整膜片，使发声。吊针处于中心位置。

（3）鉴频与测量。将两悬丝支架置于外 30mm 处，待试样棒稳定后，调节信号发生器频率旋钮，寻找试样棒的共振频率。当示波器荧光屏上出现共振现象时（正弦波振幅突然变大），再微调信号发生器的频率旋钮，使波形振幅达到极大值。采用阻尼法鉴频，并与李萨如图形法互相验证，找到试样棒在基频频率下的共振，记下该频率值。

依次将两悬丝支架同时向内移动，每次移动 10mm，按照上述方法分别测量在不同悬挂位置 x 处相对应的共振频率值。

（4）利用外延测量法找出基频下离棒端为 $0.224L$ 处的共振频率。将所测各物理量的数值代入式（2-2），计算试样棒的弹性模量 E、计算不确定度（或误差），写出结果表达式。

五、注意事项

（1）安装试样棒一定要细心，轻拿轻放，避免将悬丝弄断和摔坏试样棒。

（2）实验时，一定要待试样棒稳定之后，才可以正式进行测量。

六、思考题

1. 外延测量法有什么特点？使用时应注意什么问题？
2. 物体的固有频率和共振频率有什么不同？它们之间有何关系？
3. 当大范围调节频率时，示波器上显示出不止一个波峰，如何解释这一现象？
4. 李萨如图形法鉴频的原理是什么？

（聂宜珍）

实验十三　用波尔共振仪研究受迫振动

受迫振动是一种既重要而又普遍的运动形式，它所导致的共振现象既有破坏作用，也有许多实用价值。许多仪器和装置的原理都是基于各种各样的共振现象，很多电声器件都是运用共振原理设计制作的。在微观科学研究中，"共振"也是一种重要的研究手段，例如利用核磁共振和顺磁共振研究物质结构。研究受迫共振是一件很有意义的工作。

物体稳定受迫振动的振幅和周期性外力频率之间的关系称为**幅频特性**，稳定受迫振动和周期性外力之间的相位差与频率之间的关系称为**相频特性**。本实验中，采用波尔共振仪定量测定机械受迫振动的幅频特性和相频特性。

一、实验目的

（1）研究波尔共振仪中弹性摆轮受迫振动的幅频特性和相频特性。
（2）研究不同阻尼力矩对受迫振动的影响，观察共振现象。
（3）学习用频闪法测定运动物体的相位差。
（4）练习用逐差法和作图法处理数据。

二、实验原理

1. 稳定受迫振动

物体在周期性外力的持续作用下发生的振动称为**受迫振动**，这种周期性的外力称为**强迫力**。如果外力是按简谐振动的规律变化，那么物体在稳定状态时的运动也是简谐振动，此时振幅保持恒定，振幅大小与强迫力的频率和原振动系统无阻尼振动时的固有振动频率以及阻尼系数有关。在受迫振动的状态下，系统除了受到强迫力的作用外，同时还受到回复力和阻尼力的作用。所以在稳定状态时，物体的位移、速度变化与强迫力的变化不是同相位的，存在一个相位差。当强迫力频率与系统的固有频率相同时产生共振，此时振幅最大，相位差为 $90°$。

本实验中，摆轮在弹性力矩作用下作自由摆动，在电磁阻尼力矩作用下作受迫振动。当摆轮在弹性回复力矩、阻尼力矩和周期性外力力矩的共同作用下作受迫振动时，其运动方程为

$$J \frac{\mathrm{d}^2\theta}{\mathrm{d}t^2} = -K\theta - b\frac{\mathrm{d}\theta}{\mathrm{d}t} + M_0\cos\omega t \tag{2-4}$$

式中，J 为摆轮的转动惯量；$-K\theta$ 为弹性力矩；$M_0\cos\omega t$ 为周期性强迫力矩，其中 M_0 为周期性强迫力矩的幅值，ω 为强迫力的角频率；$-b\dfrac{\mathrm{d}\theta}{\mathrm{d}t}$ 为其他阻尼力矩。

令 $\omega_0^2 = \dfrac{K}{J}$，$2\beta = \dfrac{b}{J}$，$m = \dfrac{M_0}{J}$，则式（2-4）变为

$$\frac{\mathrm{d}^2\theta}{\mathrm{d}t^2} + 2\beta\frac{\mathrm{d}\theta}{\mathrm{d}t} + \omega_0^2\theta = m\cos\omega t \tag{2-5}$$

由式（2-5）可见，当 $m\cos\omega t = 0$ 时，摆轮作阻尼振动，式（2-5）即为阻尼振动方程。当 $\beta = 0$ 时，即阻尼为 0 时，摆轮作简谐振动，ω_0 为系统的固有角频率。

式（2-5）的通解为

$$\theta = \theta_1 e^{-\beta t}\cos(\omega_f t + \alpha) + \theta_2\cos(\omega t + \varphi_0) \tag{2-6}$$

由式（2-6）可见，受迫振动可分成两部分：

第一部分，$\theta_1 e^{-\beta t}\cos(\omega_f t + \alpha)$，表示阻尼振动，该项随时间呈指数衰减，经过足够长的时间后就可忽略不计。

第二部分，$\theta_2\cos(\omega t + \varphi_0)$，表示振动系统在强迫力矩作用下，经过一段时间后达到稳定的振动状态，此时振动具有确定的振幅

$$\theta_2 = \frac{m}{\sqrt{(\omega_0^2 - \omega^2)^2 + 4\beta^2\omega^2}} \tag{2-7}$$

该振动与强迫力之间有一个确定的相位差

$$\varphi = \arctan\frac{-2\beta\omega}{\omega_0^2 - \omega^2} = \arctan\frac{\beta T T_0^2}{\pi(T_0^2 - T^2)} \tag{2-8}$$

由式（2-7）和式（2-8）可以看出，振幅 θ_2 与相位差 φ 的数值都与强迫力矩的角频率 ω、系统的固有角频率 ω_0 和阻尼系数 β 共 3 个因素有关（振幅 θ_2 还取决于强迫力矩 m），而与振动的起始状态无关。

通常可以采用振幅-频率特性和相位-频率特性（简称幅频特性和相频特性）来表征受迫振动性质。图 2-3 和图 2-4 分别表示在不同 β 时稳定受迫振动的幅频特性和相频特性。

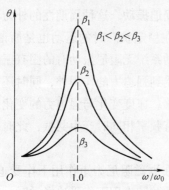

图 2-3 不同 β 时幅频特性

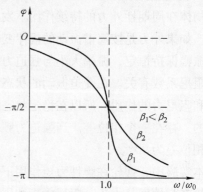

图 2-4 不同 β 时的相频特性

2. 受迫共振

对 θ_2 求极值可得出，当强迫力的角频率 ω 为 $\sqrt{\omega_0^2 - 2\beta^2}$ 时，产生共振。

共振时角频率 ω_r、振幅 θ_r、相位差 φ_r 分别为

$$\omega_r = \sqrt{\omega_0^2 - 2\beta^2} \tag{2-9}$$

$$\theta_r = \frac{m}{2\beta\sqrt{\omega_0^2 - \beta^2}} \tag{2-10}$$

$$\varphi_r = \arctan\frac{-\sqrt{\omega_0^2 - 2\beta^2}}{\beta} \tag{2-11}$$

三、实验仪器

BG-2 型波尔共振仪（由振动仪与电气控制箱两部分组成）。

1. 振动仪

振动仪结构如图 2-5 所示，铜质圆形摆轮安装在机架上，弹簧的一端与摆轮的轴相连，另一端可以固定在机架支柱上，在弹簧弹性力的作用下，摆轮可绕轴自由往复摆动。在摆轮的外围有一卷槽型缺口，其中一个长形凹槽比其他凹槽长出许多。在机架上对准长形缺口处有一个光电门，它与电气控制箱连接，用来测量摆轮的振幅（角度值）和摆轮的振动周期。在机架下方有一对带有铁心的线圈，摆轮恰巧嵌在铁心的空隙。利用电磁感应原理，当线圈中通过电流后，摆轮受到一个电磁阻尼力矩的作用，改变电流的大小即可使阻尼力矩的大小产生相应变化。为使摆轮作受迫振动，在电动机轴上装有偏心轮，通过连杆机构带动摆轮，在电动机轴上装有带刻度线的有机玻璃转盘随电动机一起转动，通过它可以从角度读数盘读出相位差。调节控制箱上的十圈电动机转速调节旋钮，可以精确改变加于电动机上的电压，使电动机的转速在实验范围（30~45r/min）内连续可调。电动机的有机玻璃转盘上装有两个挡光片。在角度读数盘中央上方（90°处）也装有光电门，并与控制箱相连，以测量强迫力矩的周期。

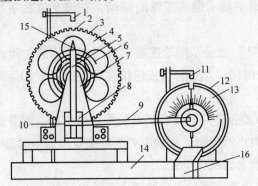

图 2-5　波尔共振仪的振动仪结构示意图

1—光电门 H　2—长凹槽 C　3—短凹槽 D　4—铜质摆轮 A　5—摇杆 M　6—蜗卷弹簧 B　7—支承架
8—阻尼线圈 K　9—连杆 E　10—摇杆调节螺钉　11—光电门 I　12—角度盘 G　13—有机玻璃转盘 F
14—底座　15—外端夹持螺钉 L　16—闪光灯

受迫振动时摆轮与外力矩的相位差可利用小型闪光灯来测量。闪光灯受摆轮信号光电门控制，每当摆轮上长形凹槽通过平衡位置时，光电门被挡光，引起闪光。在受迫振动达到稳定时，在闪光灯照射下可以看到有机玻璃好像一直"停在"某一刻度处（实际上有机玻璃上的刻度线一直在匀速转动），这一现象称为频闪现象。利用频闪现象可以直接读出相位差的数值，误差不大于2°。摆轮的振幅用角度值描述，利用光电门测出摆轮转过的凹型缺口个数，数显装置直接显示出此值，精度为2°。

2. 电气控制箱

波尔共振仪电气控制箱的前面板和后面板分别如图2-6和图2-7所示。

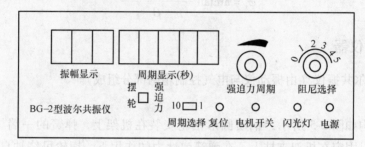

图2-6 波尔共振仪电气控制箱的前面板

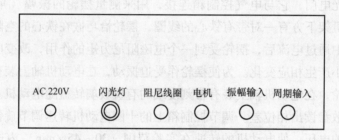

图2-7 波尔共振仪电气控制箱的后面板

前面板上左边3位数字显示铜质摆轮的振幅，右边5位数字显示时间，计时精度为10^{-3}s。

"周期选择"置于"1"处显示摆轮摆动1个周期所需的时间；当扳向"10"时，显示摆动10个周期所需的时间。"复位"按钮仅在开关扳向"10"时起作用，测单次周期时会自动复位。

"强迫力周期"调节旋钮是一个带有刻度的十圈电位器，调节此旋钮可以精确改变电动机转速，即改变强迫力矩的周期。显示出的刻度值仅供实验时参考，以便大致确定强迫力矩周期值在十圈电位器上的相应位置。

"阻尼选择"开关可以改变通过阻尼线圈内直流电流的大小，从而改变摆轮系统的阻尼系数。选择开关可分6挡，"0"处阻尼电流为零，从"1"至"5"挡阻尼电流逐渐增大，"1"处约为0.2A，"5"处约为0.6A。阻尼电流靠15V稳压装置提供，实验时选用挡位根据情况而定。

"闪光灯"开关用来控制闪光与否，当扳向接通位置时，若摆轮长缺口通过平衡位置便产生闪光。由于频闪现象，可从相位差读数盘上看到刻度似乎静止不动的读数，从而读出相位差值。为使闪光灯管不易损坏，平时将此开关扳向"关"处，仅在测量相位差时才扳向接通。

"电机开关"用来控制电动机是否转动，在测定摆轮固有频率 ω_0 与振幅的关系及测阻尼系数 β 时，必须将电动机电源切断。

四、实验内容与要求

应将电气控制箱预热 $10 \sim 15 \text{min}$ 之后，再进行下述测量。

1. 测量振幅 θ_n 与准自由振动周期 T_0 的关系

将电动机电源切断，阻尼开关扳向"0"，周期选择位置为"1"，用手将摆轮拨到摆角较大处（约 $140° \sim 150°$），然后放手，此时摆轮作衰减振动，从振幅显示窗读出摆轮振动时的振幅数值 θ_0，逐一记载振幅与周期显示的对应关系。

注意，此过程可以两个同学一起做。

2. 测定阻尼系数 β

进行本实验内容时，电动机电源必须切断，指针放在 $0°$ 位置，θ_0 通常选取在 $130° \sim 150°$ 之间。

将阻尼选择开关拨向实验时的位置（通常选取"2"或"1"），此开关位置选定后，在实验过程中不能任意改变或将整机电源切断，否则由于电磁铁剩磁现象将引起 β 值变化。只有在某一阻尼系数 β 的所有实验数据测试完毕，要改变 β 值时才允许拨动此开关。

从振幅显示窗读出摆轮作阻尼振动时的振幅数值 $\theta_0, \theta_1, \theta_2, \cdots, \theta_9$，并记下 10 个周期的时间值，利用下式：

$$\beta_i = \frac{1}{nT} \ln \frac{\theta_i}{\theta_{i+n}} \tag{2-12}$$

用逐差法求出 β 值，式中，i 可取 $0 \sim 4$，相应的 n 可取为 5，T 为阻尼振动周期的平均值。

3. 测定受迫振动的幅频特性和相频特性曲线

（1）保持"阻尼选择"开关在原位置，将"周期选择"开关放在"1"处，打开"电机开关"，使摆轮开始作受迫振动。

（2）旋转"强迫力周期"开关，调整强迫力矩的周期，当摆轮振动稳定后，从"周期显示"窗口读出周期值，并从"振幅显示"窗口读出对应的振幅。找到振幅最大的点（共振点），记录摆轮的振幅值和强迫力矩的周期值，并打开闪光灯测定受迫振动位移与强迫力间的相位差。

（3）改变强迫力矩的频率，继续测定摆轮的振幅值、强迫力矩的周期值、受迫振动位移与强迫力间的相位差。在共振点附近（相位差约在 $70° \sim 110°$ 之间）数据点应密集一些，强迫力周期显示值每变化约 0.002s 测一组数据；在相位差小于 $70°$ 及大于 $110°$ 的区间强迫力周期显示值每变化约 0.01s 测一组数据。周期显示窗中周期末位数变化属于正常情况，在记录时对于读数出现跳跃的情况，可取出现频率最高的数值。

（4）将"阻尼选择"开关拨向另一位置，重复步骤（2），（3）。

在进行受迫振动的测量时，切不可将"阻尼选择"开关放在"0"处，以免造成强烈共振而损坏仪器；测量时振幅不应大于150°；闪光灯应放置在底座上，切勿拿在手中直接照射刻度盘。

4. 数据处理

（1）利用逐差法计算阻尼衰减系数β。

（2）在同一图上作出不同β值时的θ-$\dfrac{\omega}{\omega_0}$幅频特性曲线。

（3）在同一图上作出不同β值时的φ-$\dfrac{\omega}{\omega_0}$相频特性曲线。

五、注意事项

（1）波尔共振仪各部分是精密装配，不能随意乱动。控制箱功能与面板上旋钮、按键均较多，务必在弄清其功能后按规则操作。

（2）在进行有关受迫振动的测量时，切不可将"阻尼选择"开关放在"0"处，以免造成强烈共振而损坏仪器，测量时振幅不应大于150°。

（3）闪光灯应放置在底座上，切勿拿在手中直接照射刻度盘。

（4）阻尼开关置于"0"位置时，切忌开启电动机开关，以避免产生强烈的共振而损坏仪器。

六、思考题

1. 为什么当受迫振动稳定后，才能进行幅频特性和相频特性的测量？

2. 实验中采用什么方法来改变阻尼力矩的大小？它利用了什么原理？

3. 就所画的幅频特性和相频特性图分析其物理意义。

4. 实验时为什么当选定阻尼电流后，要求阻尼系数和幅频特性、相频特性的测定一起完成，而不能先测定不同电流时的β值，然后再测定相应阻尼电流时的幅频特性与相频特性？

（聂宜珍）

实验十四　不良导体热导率的测定

热量传输有多种方式，热传导是热量传输的重要方式之一，也是热交换现象三种基本形式（传导、对流、辐射）中的一种。热导率（又称导热系数）是反映材料导热性能的重要参数之一，它不仅是评价材料热学特性的依据，也是材料在设计应用时的一个依据。熔炼炉、传热管道、散热器、加热器，以及日常生活中水瓶、冰箱等都要考虑它们的导热程度大小，所以对热导率的研究和测量就显得很有必要。热导率大、导热性能好的材料称为良导体，热导率小、导热性能差的材料称为不良导体。一般来说，金属的热导率比非金属的要大，固体的热导率比液体的要大，气体的热导率最小。因为材料的热导率不仅随温度、压力变化，而且材料的杂质含量、结构变化都会明显影响热导率的数值，所以在科学实验和工程技术中对材料的热导率常用实验的方法测定。测量热导率的方法大体上可分为稳态法和动态法两类。

本实验介绍一种利用稳态法测不良导体热导率的方法。稳态法是通过热源在样品内部形成一个稳定的温度分布后，用热电偶测出其温度，进而求出物质热导率的方法。

一、实验目的

（1）掌握稳态法测不良导体热导率的方法。

（2）了解物体散热速率与传热速率的关系。

（3）学习用作图法求冷却速率。

（4）掌握一种用热电转换方式进行温度测量的方法。

二、实验原理

早在1882年，法国科学家傅里叶就提出了热传导定律，目前各种测量热导率的方法都建立在傅里叶热传导定律基础上。

当物体内部各处温度不均匀时，就会有热量从温度较高处传向较低处，这种现象称为**热传导**。热传导定律指出，如果热量是沿着 z 方向传导，那么在 z 轴上任一位置 z_0 处取一个垂直截面积 dS，以 $\dfrac{dT}{dz}$ 表示在 z 处的温度梯度，以 $\dfrac{dQ}{dt}$ 表示该处的传热速度（单位时间内通过截面积 dS 的热量），那么热传导定律可表示为

$$dQ = -\lambda \left(\frac{dT}{dz} \right)_{z_0} dS \cdot dt \tag{2-13}$$

式中，负号表示热量从高温区向低温区传导（即热传导的方向与温度梯度的方向相反）；比例系数 λ 即为热导率，表示在温度梯度为一个单位的情况下，单位时间内垂直通过单位面积截面的热量。利用式（2-13）测量材料的热导率 λ，需解决两个关键的问题：一个是如何在材料内造成一个温度梯度 $\dfrac{dT}{dz}$ 并确定其数值；另一个是如何测量材料内由高温区向低温区的传热速率 $\dfrac{dQ}{dt}$。

1. 关于温度梯度 $\dfrac{dT}{dz}$

为了在样品内造成一个温度的梯度分布，可以将样品加工成平板状，并将它夹在两块良导体——铜板之间，如图2-8所示，使两块铜板分别保持在恒定温度 T_1 和 T_2，就可能在垂直于样品表面的方向上形成温度的梯度分布。若样品厚度远小于样品直径（$h \ll D$），由于样品侧面积比平板面积小得多，由侧面散去的热量可以忽略不计，可以认为热量是沿

垂直于样品平面的方向上传导，即只在此方向上有温度梯度。由于铜是热的良导体，在达到平衡时，可以认为同一个铜板各处的温度相同，样品内同一平行平面上各处的温度也相同。这样，只要测出样品的厚度 h 和两块铜板的温度 T_1, T_2，就可以确定样品内的温度梯度。当然这需要铜板与样品表面紧密接触无缝隙，否则中间的空气层将产生热阻，使得温度梯度测量不准确。

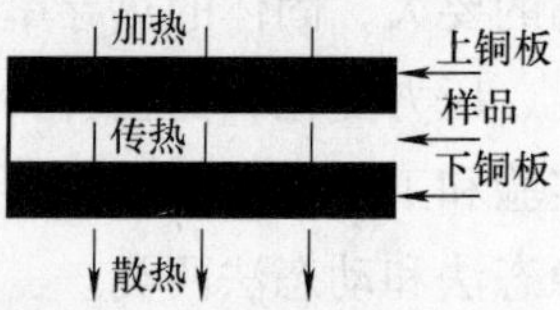

图 2-8　传热示意图

为了保证样品中温度场的分布具有良好的对称性，将样品及两块铜板都加工成等大的圆形。

2. 关于传热速率 $\dfrac{\mathrm{d}Q}{\mathrm{d}t}$

单位时间内通过某一截面积的热量 $\dfrac{\mathrm{d}Q}{\mathrm{d}t}$ 是一个无法直接测定的量，我们应设法将这个量转化为较为容易测量的量。为了维持一个恒定的温度梯度分布，必须不断地给高温侧铜板加热，热量通过样品传到低温侧铜板，低温侧铜板则要将热量不断地向周围环境散出。当加热速率、传热速率与散热速率相等时，系统就达到动态平衡，称之为稳态，此时低温侧铜板的散热速率就是样品内的传热速率。这样，只要测量低温侧铜板在稳态温度 T_2 下散热的速率，也就间接测量出了样品内的传热速率。但是，铜板的散热速率也不易测量，还需要进一步作参量转换，我们已经知道，铜板的散热速率与冷却速率（温度变化率）$\dfrac{\mathrm{d}T}{\mathrm{d}t}$ 有关，其表达式为

$$\left. \frac{\mathrm{d}Q}{\mathrm{d}t} \right|_{T_2} = -mc \left. \frac{\mathrm{d}T}{\mathrm{d}t} \right|_{T_2} \tag{2-14}$$

式中，m 为铜板的质量；c 为铜板的比热容；负号表示热量向低温方向传递。因为质量容易直接测量，c 为常量，这样对铜板的散热速率的测量又转化为对低温侧铜板冷却速率的测量。铜板的冷却速率可以这样测量：在达到稳态后，移去样品，用加热铜板直接对下铜板加热，使其温度高于稳态温度 T_2（大约高出 10℃ 左右），再让其在环境中自然冷却，直到温度低于 T_2，测出温度在大于 T_2 到小于 T_2 区间中随时间的变化关系，描绘出 T-t 曲线（见图 2-9），曲线在 T_2 处的斜率就是铜板在稳态温度 T_2 下的冷却速率。

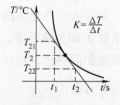

图 2-9　散热盘的冷却曲线图

应该注意的是，这样得出的 $\dfrac{\mathrm{d}T}{\mathrm{d}t}$ 是铜板全部表面暴露于空气中的冷却速率，其散热面积为 $2\pi R_{\mathrm{P}}^2 + 2\pi R_{\mathrm{P}} h_{\mathrm{P}}$（其中 R_{P} 和 h_{P} 分别是下铜板的半径和厚度）。然而在实验中稳态传热时，铜板的上表面（面积为 πR_{P}^2）是被样品覆盖的，由于物体的散热速率与它们的面积成正比，所以稳态时，铜板散热速率的表达式应修正为

$$\frac{\mathrm{d}Q}{\mathrm{d}t} = -mc \frac{\mathrm{d}T}{\mathrm{d}t} \cdot \frac{\pi R_{\mathrm{P}}^2 + 2\pi R_{\mathrm{P}} h_{\mathrm{P}}}{2\pi R_{\mathrm{P}}^2 + 2\pi R_{\mathrm{P}} h_{\mathrm{P}}} \tag{2-15}$$

根据前面的分析，这个量就是样品的传热速率。

将式（2-15）代入热传导定律表达式，并考虑到 $dS = \pi R^2$，可以得到热导率为

$$\lambda = -mc\frac{2h_P + R_P}{2h_P + 2R_P} \cdot \frac{1}{\pi R^2} \cdot \frac{h}{T_1 - T_2} \cdot \frac{dT}{dt}\Big|_{T=T_2} \tag{2-16}$$

式中，R 为样品的半径；h 为样品的高度；m 为下铜板的质量；c 为铜的比热容；R_P 和 h_P 分别是下铜板的半径和厚度。式（2-16）中的各项均为常量或易直接测量。

本实验选用铜-康铜热电偶测温度，温差为 100℃ 时，其温差电动势约为 4.0mV。由于热电偶冷端浸在冰水中，温度为 0℃，当温度变化范围不大时，热电偶的温差电动势 $\theta(\text{mV})$ 与待测温度 $T(℃)$ 的比值是一个常数。因此，在用式（2-16）计算时，也可以直接用电动势 θ 代表温度 T。

三、实验仪器

YBF-2 型导热系数测试仪，杜瓦瓶，测试样品（硬铝、橡皮），游标卡尺，天平。

四、实验内容与要求

1. 手动测量

（1）用游标卡尺、天平测量样品和下铜盘（散热盘）的几何尺寸及质量，多次测量取平均值。

（2）先放置好待测样品及下铜盘，调节下圆盘托架上的三个微调螺钉，使待测样品与上、下铜盘接触良好。安置圆筒、圆盘时必须使放置热电偶的洞孔与杜瓦瓶在同一侧。热电偶插入铜盘上的小孔时，要抹些硅脂，并插到洞孔底部，使热电偶测温端与铜盘接触良好，热电偶冷端插在杜瓦瓶中的冰水混合物中。

（3）根据稳态法，必须得到稳定的温度分布，这就要等待较长的时间。为了提高效率，可先将电源电压打到"高"挡，几分钟后，当 $\theta_1 = 4.00\text{mV}$ 时即可将开关拨到"低"挡，通过调节电热板电压"高""低"及"断"电挡，使 θ_1 读数变化在 ±0.03mV 范围内，同时每隔 30s 读 θ_2 的数值，如果在 2min 内样品下表面温度时的 θ_2 显示值不变，即可认为已达到稳定状态。记录稳态时与 θ_1，θ_2 对应的 T_1，T_2 值。

（4）移去样品，继续对下铜盘加热，当下铜盘温度比 T_2 高出 10℃ 左右时，移去圆筒，让下铜盘所有表面均暴露于空气中，使下铜盘自然冷却，每隔 30s 读一次下铜盘的温度显示值并记录，直到温度下降到 T_2 以下的一定值。作铜盘的 T-t 冷却速率曲线，选取邻近 T_2 的测量数据来求出冷却速率。

（5）根据式（2-16）计算样品的热导率 λ。

2. 自动测量（选做）

（1）参数测量和仪器安装与手动测量中的（1），(2) 步相同。

（2）将电压选择开关打在（0）位置，设定好上铜盘的加热温度，对上铜盘进行加热。

（3）将信号选择开关打在（Ⅰ）位置，测量上铜盘的温度，当上铜盘加热到设定温

度时，通过调节电热板电压"高""低"及"断"电挡，使 θ_1 读数在 ±0.03mV 范围内，同时每隔 2min 读 θ_2 的数值，如果在 2min 内样品下表面温度时的 θ_2 示值不变，即可认为已达到稳定状态。记录稳态时与 θ_1,θ_2 对应的 T_1,T_2 值。

（4）移去样品，继续对下铜盘加热，当下铜盘温度比 T_2 高出 10℃ 左右时，移去圆筒，让下铜盘所有表面均暴露于空气中，使下铜盘自然冷却。每隔 30s 读一次下铜盘的温度显示值并记录，直至温度下降到 T_2 以下的一定值。作铜盘的 $T\text{-}t$ 冷却速率曲线，选取邻近 T_2 的测量数据来求出冷却速率。

（5）根据式（2-16）计算样品的热导率 λ。

（6）设定不同的加热温度，测量出不同温度下样品的热导率 λ。在设定加热温度时，须高出室温 30℃。

五、注意事项

（1）使用前将加热盘与散热盘的表面擦干净，样品两端面擦净，可涂上少量的硅油，以保证接触良好。

（2）加热盘侧面和散热盘侧面都有供安插热电偶的小孔，安放加热盘和散热盘时这两个小孔都应与杜瓦瓶在同一侧，以免线路错乱，热电偶插入小孔时，要抹上些硅脂，并插到洞孔底部，以保证接触良好，热电偶冷端浸于冰水混合物中。

（3）实验过程中，如若移开加热盘，应先关闭电源。移开热圆筒时，手应拿住固定轴转动，以免烫伤手。

（4）不要使样品两端划伤，以免影响实验的精度。

（5）数字电压表数值不稳定或加热时数值不变化，应先检查热电偶及各个环节的接触是否良好。

六、思考题

1. 测热导率 λ 要满足哪些条件？在实验中如何保证？
2. 测冷却速率时，为什么要在稳态温度 T_2 附近选值？如何计算冷却速率？
3. 讨论本实验的误差因素，并说明热导率可能偏小的原因。

（聂宜珍）

实验十五　交流电桥

交流电桥是一种比较式仪器，在电子测量技术中占有重要地位。它主要用于测量交流等效电阻及其时间常数、电容及其介质损耗、自感及其线圈品质因数和互感等电气参数，也可用于非电量变换为相应电参量的精密测量。

常用的交流电桥分为阻抗比电桥和变压器电桥两大类。习惯上一般称阻抗比电桥为交流电桥。交流电桥的线路虽然和直流单电桥线路具有同样的结构形式，但因为它的 4 个臂是阻抗，所以它的平衡条件、线路的组成以及实现平衡的调整过程都比直流电桥复杂。

一、实验目的

（1）掌握用交流电桥测量电感和电容及其损耗的方法。

（2）理解交流电桥的平衡原理，学会调节交流电桥平衡的方法。

二、实验原理

交流电桥的线路组成如图 2-10 所示。它与直流单电桥的组成原理相似，只是它的 4 个臂不一定是电阻，而可能是其他阻抗元件或它们的组合，如电阻、电感、电容等。电桥的电源通常是正弦交流电源，平衡指示器是适合于检测交流信号的仪器。不同频率范围可采用不同的指示器，频率为 200Hz 以下时可采用谐振式检流计，音频范围内可采用耳机作为平衡指示器，音频或更高频率时也可采用电子指零仪器，也有用电子示波器或交流毫伏表作为平衡指示器的。本实验采用高灵敏度的电子放大式指零仪。

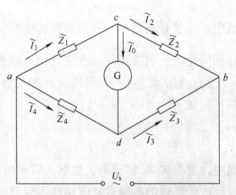

图 2-10　交流电桥原理

在图 2-10 中，当适当调节电桥 4 个臂的参数，使在正弦交流电源的作用下，电路中 c、d 两点的电位在每一个瞬时都相等时，检流计 G 中始终无电流通过，即 $\tilde{I}_0 = 0$，这种情况称为电桥达到了平衡，由电磁学知识可知，此时

$$\tilde{U}_{ac} = \tilde{U}_{ad}, \quad \tilde{U}_{cb} = \tilde{U}_{db}$$

即

$$\tilde{I}_1 \tilde{Z}_1 = \tilde{I}_4 \tilde{Z}_4, \quad \tilde{I}_2 \tilde{Z}_2 = \tilde{I}_3 \tilde{Z}_3$$

因平衡时 $\tilde{I}_0 = 0$，故

$$\tilde{I}_1 = \tilde{I}_2, \quad \tilde{I}_3 = \tilde{I}_4$$

于是

$$\frac{\tilde{Z}_1}{\tilde{Z}_2} = \frac{\tilde{Z}_4}{\tilde{Z}_3} \tag{2-17}$$

式（2-17）即为交流电桥的平衡条件。将各阻抗用复数形式表示，则得

$$Z_1 e^{j\varphi_1} Z_3 e^{j\varphi_3} = Z_2 e^{j\varphi_2} Z_4 e^{j\varphi_4}$$

根据复数相等的条件，要求等式两边的模和辐角分别相等，即

$$\begin{cases} Z_1 \cdot Z_3 = Z_2 \cdot Z_4 \\ \varphi_1 + \varphi_3 = \varphi_2 + \varphi_4 \end{cases} \tag{2-18}$$

式（2-18）就是交流电桥平衡的两个实数表达式，它说明交流电桥平衡时必须同时满足两个条件：一是相对桥臂上阻抗幅模的乘积相等；二是相对桥臂上阻抗辐角之和相等。

由式（2-18）可以得出如下两点重要结论：

（1）交流电桥必须按照一定的方式配置桥臂阻抗

如果用任意不同性质的 4 个阻抗组成一个电桥，不一定能够调节到平衡，因此必须将电桥各元件的性质按电桥的两个平衡条件作适当配合。目前在实验测量中，常常是采用标准电抗元件来平衡被测量元件，所以实验中常采用以下形式的电路：

1）将被测量元件 $\tilde{Z}_x$ 与标准元件 $\tilde{Z}_n$ 相邻放置，如图 2-10 中 $\tilde{Z}_4 = \tilde{Z}_x$，$\tilde{Z}_3 = \tilde{Z}_n$，这时由式（2-17）可知

$$\tilde{Z}_x = \frac{\tilde{Z}_1}{\tilde{Z}_2}\tilde{Z}_n \tag{2-19}$$

式中，比值 $\dfrac{\tilde{Z}_1}{\tilde{Z}_2}$ 称臂比，故名为臂比电桥。一般情况下，$\dfrac{\tilde{Z}_1}{\tilde{Z}_2}$ 为实数，因此 $\tilde{Z}_x$ 和 $\tilde{Z}_n$ 必须是具有相同性质的电抗元件。改变臂比可以改变量程。

2）将被测量元件与标准元件相对放置，如图 2-10 中 $\tilde{Z}_4 = \tilde{Z}_x$，$\tilde{Z}_2 = \tilde{Z}_n$，这时由式（2-17）可知

$$\tilde{Z}_x = \frac{\tilde{Z}_1\tilde{Z}_3}{\tilde{Z}_n} \tag{2-20}$$

式中，乘积 $\tilde{Z}_1\tilde{Z}_3$ 称臂乘，故名为臂乘电桥，其特点是 $\tilde{Z}_x$ 和 $\tilde{Z}_n$ 元件阻抗的性质必须相反，因此这种形式的电桥常常应用在用标准电容测量电感。在实际测量中为了使电桥结构简单和调节方便，通常将交流电桥中的两个桥臂设计为纯电阻。

由式（2-18）的平衡条件可知，如果相邻两臂接入纯电阻（臂比电桥），则另相邻两臂也必须接入相同性质的阻抗。若被测对象 $\tilde{Z}_x$ 是电容，则它相邻桥臂 $\tilde{Z}_3$ 也必须是电容；若被测对象 $\tilde{Z}_x$ 是电感，则 $\tilde{Z}_3$ 也必须是电感。如果相对桥臂接入纯电阻（臂乘电桥），则另外相对两桥臂必须为异性阻抗。若被测对象 $\tilde{Z}_x$ 为电容，则它的相对桥臂 $\tilde{Z}_2$ 必须是电感；如果 $\tilde{Z}_x$ 是电感，则 $\tilde{Z}_2$ 必须是电容。

（2）交流电桥平衡必须反复调节两个桥臂的参数

在交流电桥中，为了满足上述两个条件，必须调节两个以上桥臂的参数，才能使电桥完全达到平衡，而且往往需要对这两个参数进行反复的调节，所以交流电桥的平衡调节要比直流电桥的调节困难一些。

交流电桥的 4 个桥臂，要按一定的原则配以不同性质的阻抗，才有可能达到平衡。从理论上讲，满足平衡条件的桥臂类型可以有许多种，但实际上常用的类型并不多，这是因为：

1）桥臂尽量不采用标准电感，由于制造工艺上的原因，标准电容的准确度要高于标准电感，并且标准电容不易受外磁场的影响。所以，常用的交流电桥不论是测电感和测电容，除了被测臂之外，其他三个臂都采用电容和电阻。本实验由于采用了开放式设计的仪器，所以也能以标准电感作为桥臂，以便于使用者更全面地掌握交流电桥的原理和特点以选择使用。

2）尽量使平衡条件与电源频率无关，这样才能发挥电桥的优点，使被测量只决定于桥臂参数，而不受电源的电压或频率的影响。有些形式的桥路的平衡条件与频率有关，如

后面将提到的海氏电桥，这样，电源的频率不同将直接影响测量的准确性。

3）电桥在平衡中需要反复调节，才能使辐角关系和幅模关系同时得到满足。通常将电桥趋于平衡的快慢程度称为交流电桥的收敛性。收敛性越好，电桥趋向平衡越快；收敛性差，则电桥不易平衡或者说平衡过程时间要很长，需要测量的时间也很长。电桥的收敛性取决于桥臂阻抗的性质以及调节参数的选择。

下面介绍几种常用的交流电桥。

1. 电容电桥

电容电桥主要用来测量电容器的电容量及损耗角，为了弄清电容电桥的工作情况，首先对被测电容的等效电路进行分析，然后介绍电容电桥的典型线路。

（1）被测电容的等效电路

实际电容器并非理想元件，它存在着介质损耗，所以通过电容器 C 的电流和它两端电压的相位差并不是 $90°$，而是比 $90°$ 要小一个 δ 角，δ 角就称为介质损耗角。具有损耗的电容可以用两种形式的等效电路表示：一种是理想电容和一个电阻相串联的等效电路，如图 2-11a 所示；另一种是理想电容与一个电阻相并联的等效电路，如图 2-12a 所示。在等效电路中，理想电容表示实际电容器的等效电容，而串联（或并联）等效电阻则表示实际电容器的发热损耗。

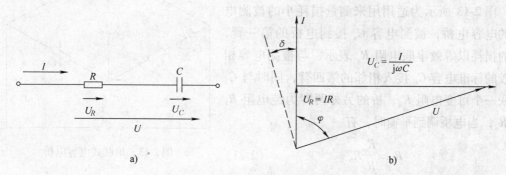

图 2-11　等效串联电路及 U-I 矢量图

a）有损耗电容器的串联等效电路图　b）矢量图

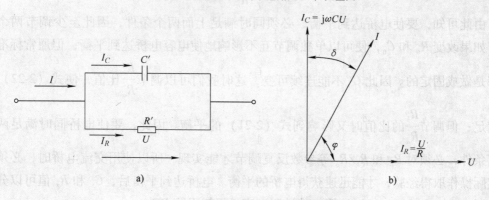

图 2-12　等效并联电路及 U-I 矢量图

a）有损耗电容器的并联等效电路图　b）矢量图

图 2-11b 及图 2-12b 分别画出了相应电压和电流的矢量图。必须注意，等效串联电路

中的 C 和 R 与等效并联电路中的 C' 和 R' 是不相等的。在一般情况下，当电容器介质损耗不大时，应当有 $C \approx C'$，$R \leqslant R'$。所以，如果用 R 或 R' 来表示实际电容器的损耗时，还必须说明是对哪一种等效电路而言。因此，为了表示方便起见，通常用电容器的损耗角 δ 的正切 $\tan\delta$ 来表示它的介质损耗特性，并用符号 D 表示，通常称它为损耗因数。

在等效串联电路中

$$D = \tan\delta = \frac{U_R}{U_C} = \frac{IR}{\frac{I}{\omega C}} = \omega CR$$

在等效并联电路中

$$D = \tan\delta = \frac{I_R}{I_C} = \frac{\frac{U}{R'}}{\omega C'U} = \frac{1}{\omega C'R'}$$

应当指出，在图 2-11b 和图 2-12b 中，$\delta = 90° - \varphi$ 对两种等效电路都是适合的，所以不管用哪种等效电路，求出的损耗因数是一致的。

（2）测量损耗小的电容电桥（串联电容电桥）

图 2-13 所示为适用用来测量损耗小的被测电容的电容电桥，被测电容 C_x 接到电桥的第一臂，它的损耗以等效串联电阻 R_x 表示，与被测电容相比较的标准电容 C_n 接入相邻的第四臂，同时与 C_n 串联一个可变电阻 R_n，桥的另外两臂为纯电阻 R_b 及 R_a，当电桥调到平衡时，有

$$R_x = \frac{R_a}{R_b} R_n \qquad (2\text{-}21)$$

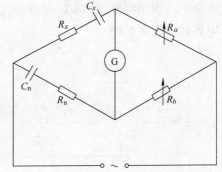

图 2-13 串联式电容电桥

$$C_x = \frac{R_b}{R_a} C_n \qquad (2\text{-}22)$$

由此可知，要使电桥达到平衡，必须同时满足上面两个条件，因此至少调节两个参数。如果改变 R_n 和 C_n，便可以单独调节互不影响地使电容电桥达到平衡；但通常标准电容都是做成固定的。因此 C_n 不能连续可变，这时我们可以调节 $\dfrac{R_b}{R_a}$ 比值，使式（2-22）得到满足；但调节 $\dfrac{R_b}{R_a}$ 的比值时又影响到式（2-21）的平衡。因此，要使电桥同时满足两个平衡条件，必须对 R_n 和 R_b/R_a 等参数反复调节才能实现，所以使用交流电桥时，必须通过实际操作取得经验，才能迅速获得电桥的平衡。电桥达到平衡后，C_x 和 R_x 值可以分别按式（2-21）和式（2-22）计算，其被测电容的损耗因数 D 为

$$D = \tan\delta = \omega C_x R_x = \omega C_n R_n \qquad (2\text{-}23)$$

（3）测量损耗大的电容电桥（并联电容电桥）

假如被测电容的损耗大，则用上述电桥测量时，与标准电容相串联的电阻 R_n 必须很大，这将会降低电桥的灵敏度。因此当被测电容的损耗大时，宜采用图 2-14 所示的另一种电容电桥的线路来进行测量，它的特点是标准电容 C_n 与电阻 R_n 是彼此并联的，则根据电桥的平衡条件可以写成

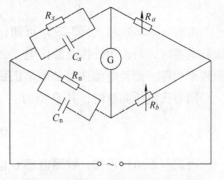

$$R_a\left[\frac{1}{\dfrac{1}{R_x}+j\omega C_x}\right]=R_b\left[\frac{1}{\dfrac{1}{R_n}+j\omega C_n}\right]$$

整理后，得

图 2-14 并联式电容电桥

$$C_x=\frac{R_b}{R_a}C_n \qquad (2-24)$$

$$R_x=\frac{R_a}{R_b}R_n \qquad (2-25)$$

而损耗因数为

$$D=\tan\delta=\frac{1}{\omega C_x R_x}=\frac{1}{\omega C_n R_n} \qquad (2-26)$$

交流电桥测量电容根据需要还有一些其他形式，可参见有关的书籍。

2. 电感电桥

电感电桥是用来测量电感的，有多种线路，通常用标准电容作为与被测电感相比较的标准元件。从前面的分析可知，这时标准电容一定要安置在与被测电感相对的桥臂中。根据实际的需要，也可采用标准电感作为标准元件，这时标准电感一定要安置在与被测电感相邻的桥臂中，这里不再作为重点介绍。

一般实际的电感线圈都不是纯电感，除了电抗 $Z_L=\omega L$ 外，还有有效电阻 R，两者之比称为电感线圈的品质因数 Q，即

$$Q=\frac{\omega L}{R} \qquad (2-27)$$

下面介绍两种电感电桥电路，它们分别适宜于测量高 Q 值和低 Q 值的电感元件。

（1）测量高 Q 值电感的电感电桥（海氏电桥）

测量高 Q 值的电感电桥的原理线路如图 2-15 所示，该电桥线路又称为海氏电桥。电桥平衡时，根据平衡条件可得

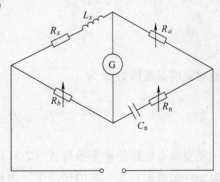

$$\left(R_x+j\omega L_x\right)\left(R_n+\frac{1}{j\omega C_n}\right)=R_a R_b$$

简化和整理后，得

$$L_x=R_b R_a\frac{C_n}{1+\left(\omega C_n R_n\right)^2} \qquad (2-28)$$

图 2-15 测量高 Q 值电感的电桥原理线路图

$$R_x = R_b R_a \frac{R_n(\omega C_n)^2}{1+(\omega C_n R_n)^2} \tag{2-29}$$

由式（2-28）和式（2-29）可知，海氏电桥的平衡条件是与频率有关的。因此在应用成品电桥时，若改用外接电源供电，必须注意要使电源的频率与该电桥说明书上规定的电源频率相符，而且电源波形必须是正弦波；否则，谐波频率就会影响测量的精度。

用海氏电桥测量时，其 Q 值为

$$Q = \frac{\omega L_x}{R_x} = \frac{1}{\omega C_n R_n} \tag{2-30}$$

由式（2-30）可知，被测电感 Q 值越小，则要求标准电容 C_n 的值越大，但一般标准电容的容量都不能做得太大。此外，若被测电感的 Q 值过小，则海氏电桥的标准电容的桥臂中所串的 R_n 也必须很大；但当电桥中某个桥臂阻抗数值过大时，将会影响电桥的灵敏度，可见海氏电桥线路适宜于测 Q 值较大的电感参数，而在测量 $Q<10$ 的电感元件的参数时则需用另一种电桥线路。下面介绍这种适用于测量低 Q 值电感的电桥线路。

（2）测量低 Q 值电感的电感电桥（麦克斯韦电桥）

测量低 Q 值电感的电桥原理线路如图2-16所示。该电桥又称为麦克斯韦电桥。

这种电桥与上面介绍的测量高 Q 值电感的电桥线路所不同的是：标准电容的桥臂中的 C_n 和可变电阻 R_n 是并联的。

在电桥平衡时，有

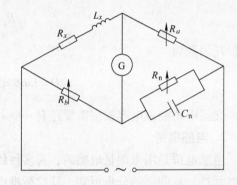

图2-16　测量低 Q 值电感的电桥原理线路图

$$(R_x + j\omega L_x)\left(\frac{1}{\frac{1}{R_n}+j\omega C_n}\right) = R_a R_b$$

相应的测量结果为

$$L_x = R_a R_b C_n \tag{2-31}$$

$$R_x = R_a R_b \frac{1}{R_n} \tag{2-32}$$

被测对象的品质因数 Q 为

$$Q = \frac{\omega L_x}{R_x} = \omega R_n C_n \tag{2-33}$$

麦克斯韦电桥的平衡条件式（2-31）和式（2-32）表明，它的平衡与频率无关，即在电源为任何频率或非正弦的情况下，电桥都能平衡，所以该电桥的应用范围较广；但实际上，由于电桥内各元件间的互相影响，所以交流电桥的测量频率对测量精度仍有一定的影响。

3. 电阻电桥

测量电阻时采用惠斯顿电桥，如图 2-17 所示。可见桥路形式与直流单臂电桥相同，只是这里用交流电源和交流指零仪作为测量信号。

当检流计 G 平衡时，G 无电流流过，cd 两点为等电位，则

$$R_x = \frac{R_a}{R_b} R_n$$

由于采用交流电源和交流电阻作为桥臂，所以测量一些残余电抗较大的电阻时不易平衡，这时可改用直流电桥进行测量。

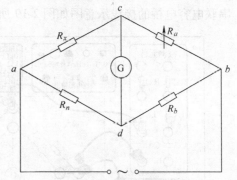

图 2-17　交流电桥测量电阻

三、实验仪器

本实验采用 FB305A 型交流电桥实验仪，其使用说明如下。

1. 概述

FB305A 型交流电桥实验仪的面板示意图如图 2-18 所示。

图 2-18　FB305A 交流电桥实验仪面板图

FB305A 型交流电桥实验仪中包含了交流电桥所需的所有部件，包括三个独立的电阻桥臂（R_b 电阻箱、R_n 电阻箱和 R_a 电阻箱）、标准电容 C_n、标准电感 L_n、被测电容 C_x、被测电感 L_x、信号源和交流指零仪。仪器的正中是双重叠套的菱形接线区；黑色的菱形外圈是臂比电桥的接线区，而红色菱形是臂乘电桥的接线区。图形清晰简捷，学生均可以方便地完成所需电路的接线，一般情况下不会发生接线交错的情况，对学生检查线路的连接十分方便，只有在组成"臂乘"电桥时，引入 R_b 与 R_n 的一次交叉。交流指零仪有足

够大的放大倍数，因此具有很高的灵敏度。将这些开放式模块化的元件、部件配以高质量的专用接插线，就可以自己动手组成不同类型的交流电桥，非常适合于教学实验。

2. 使用说明

串联电容电桥的接线示意图如图 2-19 所示。

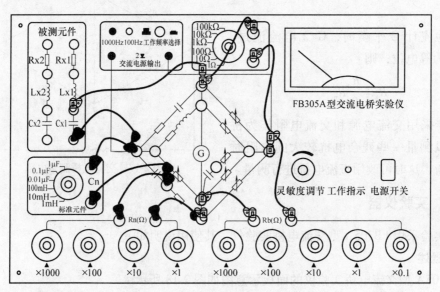

图 2-19　串联电容电桥的接线示意图

频率选择一般用 1000Hz，100Hz 供测量参考

3. 操作说明

因为在被测电容 C_x 中，R_x 的量值比较小，因此在测量前，R_n 的值可以放到零或很小的值，设定一定大小的灵敏度，使指零仪有一定幅度的偏转。

调节 R_b 使指零仪偏转至最小，再适当调节指零仪的灵敏度，接着调节 R_n，使指零仪偏转再次出现最小……如此调 R_b，加大指零仪的灵敏度，再调节 R_n；再加大灵敏度……直到指零仪不能偏转为止。

有效数字的设定：为了使 C_x 有四位的有效数字，R_b 必须要显示四位以上的有效数字。具体的参考设置见表 2-1。

表 2-1　有效数字的参考设置

$C_x/\mu F$	$C_n/\mu F$	R_a/Ω	$C_x/\mu F$	$C_n/\mu F$	R_a/Ω
	1	100		1	10000
$10 \sim 100$	0.1	10	$0.1 \sim 1$	0.1	1000
	0.01	1		0.01	100
	1	1000		1	100000
$1 \sim 10$	0.1	100	$0.01 \sim 0.1$	0.1	10000
	0.01	10		0.01	1000

其余类型的电桥可以参照图 2-20、图 2-21、图 2-22 的接线示意图与设定值进行，此处不再作类似的重复说明。

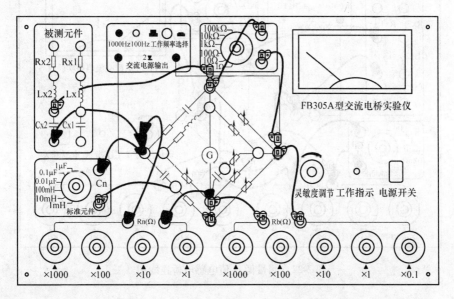

图 2-20 并联电容电桥连线图

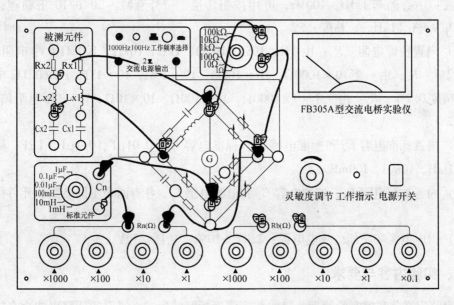

图 2-21 测量高 Q 值电感电桥连线图

4. 仪器的主要技术性能

（1）环境适应性。工作温度 10～35℃，相对湿度 25%～85%。

（2）抗电强度。仪器能耐受 50Hz 正弦波、500V 电压、1min 的耐压实验。

（3）内置功率信号源部分。测量频率：1kHz ± 10Hz，100kHz ± 1Hz（可用按钮切换）。

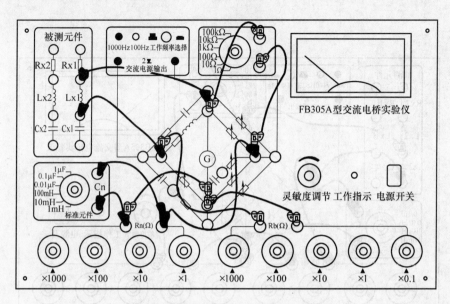

图 2-22　测量低 Q 值电感电桥连线图

（4）内置交流指零仪。本仪器的交流指零仪有过量程保护，使用时不会打坏表头。带通滤波：中心频率 1kHz，100Hz，可用按钮切换，带外衰减 −20dB/10 倍频程；灵敏度：$100\mu V/$格（1kHz）；精度：5%。

（5）内置桥臂电阻。R_a：由 1Ω，10Ω，100Ω，1kΩ，10kΩ，100kΩ 6 个电阻组成，精度 0.2%；R_b；由一个 10×1000Ω，10×100Ω，10×10Ω，10×1Ω，10×0.1Ω 电阻箱组成，精度 0.2%；R_n：由一个 10×1000Ω，10×100Ω，10×10Ω，10×1Ω 电阻箱组成，精度 0.2%。

（6）内置标准电容 C_n 和标准电感 L_n。标准电容 C_n：0.01μF，0.1μF，1μF；标准电感 L_n：1mH，10mH，100mH。

（7）内置被测电阻 R_x、被测电容 C_x 和被测电感 L_x。各有两个不同参数的元件供学生测量用。

（8）供电电源和功能。供电电源：220V ±10%；功耗：50V·A。

四、实验内容与要求

实验前应充分掌握实验原理，接线前应明确桥路的形式，错误的桥路可能会有较大的测量误差，甚至无法测量。

1. 交流电桥测量电容

根据前面实验原理的介绍，分别测量两个 C_x 电容，使用合适的桥路测量电容的电容量及其损耗电阻，并计算损耗。交流电桥采用的是交流指零仪，所以电桥平衡时指针位于左侧"0"位。实验时，指零仪的灵敏度应先调到较低位置，待基本平衡时再调高灵敏度，重新调节桥路，直至最终平衡。

2. 交流电桥测量电感

根据前面实验原理的介绍分别测量两个 L_x 电感，试用合适的桥路测量电感的电感量及其损耗电阻，并计算电感的 Q 值。

3. 交流电桥测量电阻

用交流电桥测量不同类型和阻值的电阻，并与其他直流电桥的测量结果相比较。

4. 其他桥路实验

交流电桥还有其他多种形式，有兴趣的同学可以自己进行实验，仪器的配置可以支持完成这些实验。

5. 附加说明

在电桥的平衡过程中，有时指针不能完全回到零位，这对于交流电桥是完全可能的，一般来说有以下几个原因：

（1）测量电阻时，被测电阻的分布电容或电感太大。

（2）测量电容和电感时，损耗平衡 R_n 的调节细度受到限制，尤其是对低 Q 值电感或高损耗的电容测量时更为明显。另外，电感线圈极易感应外界的干扰，也会影响电桥的平衡，这时可以试着变换电感的位置来减小这种影响。

（3）由于桥臂元件并非理想的电抗元件，所以如果选择的测量量程不当，以及被测元件的电抗值太小或太大，也会造成电桥难以平衡。

（4）在保证精度的情况下，灵敏度不要调得太高，灵敏度太高也会引入一定的干扰。

五、思考题

1. 交流电桥的桥臂是否可以任意选择不同性质的阻抗元件组成？应如何选择？
2. 为什么在交流电桥中至少需要选择两个可调参数？怎样调节才能使电桥趋于平衡？
3. 交流电桥对使用的电源有何要求？交流电源对测量结果有无影响？

（沈金洲）

实验十六　PN 结正向压降与温度关系的研究

常用的温度传感器有热电偶、热敏电阻和测温电阻器等，这些温度传感器均有各自的优点，但也有它的不足之处。例如：热电偶适用温度范围宽，但灵敏度低，线性差，且需要参考温度；热敏电阻灵敏度高，热响应快，体积小，缺点是非线性，这对于仪表的校准和控制系统的调节均感不便；测温电阻器如铂电阻虽有精度高、线性好的长处，但灵敏度低且价格昂贵。而 PN 结温度传感器则具有灵敏度高、线性好、热响应快和体小轻巧等特点，尤其在温度数字化、温度控制以及用微机进行温度实时信号处理等方面，是其他温度传感器所不能相比的，其应用日益广泛。目前 PN 结型温度传感器主要以硅为材料。

一、实验目的

（1）了解 PN 结正向压降随温度变化的基本关系式。

（2）在恒流供电条件下，测绘 PN 结正向压降随温度变化曲线，并由此确定其灵敏度和被测 PN 结材料的禁带宽度。

（3）学习用 PN 结测温的方法。

二、实验原理

1. 禁带宽度及其物理意义

固体中电子的能量不是可以连续取值的，而是一些不连续的能带。

价带（见图 2-23）通常是指半导体或绝缘体中，在绝对零度下能被电子占满的最高能带。价带电子被束缚在原子周围，而不像导体、半导体里导带的电子一样能够脱离原子晶格自由运动。

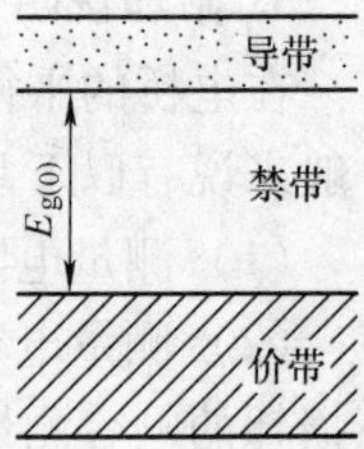

自由电子存在的能带称为**导带**。

禁带是指在能带结构中能态密度为零的能量区间。常用来表示价带和导带之间的能态密度为零的能量区间。

要导电就要有自由电子存在，被束缚的电子要成为自由电子，就必须获得足够能量从而跃迁到导带，这个能量的最小值就是**禁带宽度**。禁带宽度的大小实际上是反映价电子被束缚强弱程度的一个物理量，也就是产生本征激发所需要的最小能量。禁带非常窄就成为金属了，反之则成为绝缘体。半导体的反向耐压，正向压降都和禁带宽度有关。

图 2-23　能带结构

2. PN 结及其形成

常用的半导体材料是单晶硅和单晶锗。所谓单晶，是指整块晶体中的原子按一定规则整齐地排列着的晶体。非常纯净的单晶半导体称为**本征半导体**。

半导体锗和硅都是四价元素，它们的最外层都有 4 个电子，带 4 个单位负电荷。通常把原子核和内层电子看做一个整体，称为惯性核，惯性核带有 4 个单位正电荷，最外层有 4 个价电子，带有 4 个单位负电荷，因此，整个原子为电中性。

当共价键中的一个价电子受激发挣脱原子核的束缚成为自由电子的同时，在共价键中便留下了一个空位子，称为"空穴"。当空穴出现时，相邻原子的价电子比较容易离开它所在的共价键而填补到这个空穴中来，使该价电子原来所在共价键中出现一个新的空穴，这个空穴又可能被相邻原子的价电子填补，再出现新的空穴。价电子填补空穴的这种运动无论在形式上还是效果上都相当于带正电荷的空穴在运动，且运动方向与价电子运动方向相反。为了区别于自由电子的运动，把这种运动称为空穴运动，并把空穴看成是一种带正电荷的载流子。可见，在半导体中存在着自由电子和空穴两种载流子，而金属导体中只有自由电子一种载流子，这也是半导体与导体导电方式的不同之处。

本征半导体的导电能力很弱，热稳定性也很差，因此，不宜直接用它制造半导体器件。半导体器件多数是用含有一定数量的某种杂质的半导体制成。根据掺入杂质性质的不同，杂质半导体分为 N 型半导体和 P 型半导体两种。

P 型半导体：由单晶硅通过特殊工艺掺入少量的三价元素组成，会在半导体内部形成带正电的空穴。

N 型半导体：由单晶硅通过特殊工艺掺入少量的五价元素组成，会在半导体内部形成带负电的自由电子。

采用不同的掺杂工艺，通过扩散作用，将 P 型半导体与 N 型半导体制作在同一块半导体基片上，当 P 型和 N 型半导体接触时，在界面附近，空穴从 P 型半导体向 N 型半导体扩散，电子从 N 型半导体向 P 型半导体扩散。空穴和电子相遇而复合，载流子消失。因此在界面附近的结区中有一段距离缺少载流子，形成空间电荷区称 PN 结，如图 2-24 所示。

P 型半导体一边的空间电荷是负离子，N 型半导体一边的空间电荷是正离子。正负离子在界面附近产生内电场，这个电场阻止载流子进一步扩散，最后达到动态平衡。

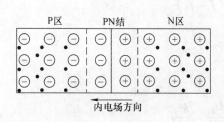

图 2-24　PN 结的形成

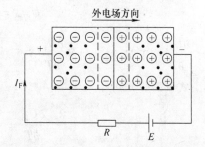

图 2-25　PN 结加正向电压时的导电情况

在 PN 结上外加一正向电压，空穴和电子都向界面运动，使空间电荷区变窄，电流可以顺利通过，如图 2-25 所示。

在 PN 结上外加一反向电压，则空穴和电子都向远离界面的方向运动，使空间电荷区变宽，电流不能流过。这就是 PN 结的单向导电性。

反向电压增大到一定程度时，反向电流将突然增大。如果外电路不能限制电流，则电流会大到将 PN 结烧毁。反向电流突然增大时的电压称击穿电压。

3. PN 结正向压降与温度的关系

理想 PN 结的正向电流 I_F 和压降 U_F 存在如下近似关系式：

$$I_F = I_S e^{\frac{qU_F}{kT}} \tag{2-34}$$

式中，q 为电子电荷；k 为玻耳兹曼常数；T 为热力学温度；I_S 为反向饱和电流，它是一个与 PN 结材料的禁带宽度和温度等有关的系数。可以证明

$$I_S = CT^{\gamma} e^{\frac{-qU_g(0)}{kT}} \tag{2-35}$$

式中，C 是与结面积、掺杂浓度等有关的常数；γ 也是常数，其数值取决于少数载流子迁移率对温度的关系，通常取 3.4；$U_g(0)$ 是绝对零度时 PN 结材料的导带底和价带顶的电势差。

将式（2-35）代入式（2-34），两边取对数可得

$$U_F = U_g(0) - \left(\frac{k}{q}\ln\frac{C}{I_F}\right)T - \frac{kT}{q}\ln T^{\gamma} = U_1 + U_{nl} \tag{2-36}$$

式中，$U_1 = U_g(0) - \left(\dfrac{k}{q}\ln\dfrac{C}{I_F}\right)T$；$U_{nl} = -\dfrac{kT}{q}\ln T^\gamma$。

式（2-36）就是 PN 结正向压降作为电流和温度函数的表达式，它是 PN 结温度传感器的基本方程。令 I_F 为常数，则正向压降只随温度而变化，但是在式（2-36）中，除线性项 U_1 外还包含非线性项 U_{nl}。下面来分析一下 U_{nl} 项所引起的线性误差。

设温度由 T_1 变为 T 时，正向电压由 U_{F1} 变为 U_F，由式（2-36）可得

$$U_F = U_g(0) - [U_g(0) - U_{F1}]\frac{T}{T_1} - \frac{kT}{q}\ln\left(\frac{T}{T_1}\right)^\gamma \tag{2-37}$$

按理想的线性温度响应，U_F 应取如下形式：

$$U_{理想} = U_{F1} + \frac{\partial U_{F1}}{\partial T}(T - T_1) \tag{2-38}$$

式中，$\dfrac{\partial U_{F1}}{\partial T}$ 等于 T_1 温度时的 $\dfrac{\partial U_F}{\partial T}$ 值。

由式（2-37）可得

$$\frac{\partial U_{F1}}{\partial T} = -\frac{U_g(0) - U_{F1}}{T_1} - \frac{k}{q}\gamma \tag{2-39}$$

所以

$$U_{理想} = U_{F1} + \left[-\frac{U_g(0) - U_{F1}}{T_1} - \frac{k}{q}\gamma\right](T - T_1)$$

$$= U_g(0) - [U_g(0) - U_{F1}]\frac{T}{T_1} - \frac{k}{q}\gamma(T - T_1) \tag{2-40}$$

由理想线性温度响应式（2-40）和实际响应式（2-37）相比较，可得实际响应对线性的理论偏差为

$$\Delta = U_{理想} - U_F = \frac{k}{q}\gamma(T - T_1) + \frac{kT}{q}\ln\left(\frac{T}{T_1}\right)^\gamma \tag{2-41}$$

设 $T_1 = 300\text{K}$，$T = 310\text{K}$，取 $\gamma = 3.4$，由式（2-41）可得

$$\Delta = 0.048\text{mV}$$

而相应的 U_F 的改变量约 20mV，相比之下误差甚小。不过当温度变化范围增大时，U_F 温度响应的非线性误差将有所递增，这主要由于 γ 因子所致。

综上所述，在恒流供电条件下，PN 结的 U_F 对 T 的依赖关系取决于线性项 U_1，即正向压降几乎随温度升高而线性下降，这就是 PN 结测温的依据。必须指出，上述结论仅适用于杂质全部电离、本征激发可以忽略的温度区间。对于通常的硅二极管来说，温度范围约 $-50 \sim 150\text{℃}$。如果温度低于或高于上述范围时，由于杂质电离因子减小或本征载流子迅速增加，U_F-T 关系将产生新的非线性。

三、实验仪器

TH-J 型 PN 结正向压降温度特性实验组合仪。

四、实验内容与要求

1. 实验系统的检查与连接

（1）取下样品室的筒套（左手扶筒盖，右手扶筒套顺时针旋转），待测 PN 结管和测温元件应分放在铜座的左、右两侧圆孔内，其管脚不与容器接触，然后放好筒盖内的橡皮圈，装上筒套。

（2）将控温电流开关置"关"位置，此时加热指示灯不亮，接上加热电源线和信号传输线。

2. $U_F(T_R)$ 的测量和调零

本实验的起始温度从室温 T_R 开始。记下室温 T_R，用摄氏温标表示。开启测试仪电源，控温电流仍置"关"，预热数分钟后，将"测量选择"开关（以下简称 K）拨到 I_F，由"I_F 调节"使 $I_F = 50\mu A$，将 K 拨到 U_F，记下 $U_F(T_R)$ 值，再将 K 置于 ΔU，由"ΔU 调零"使 $\Delta U = 0$。

3. 测定 ΔU-T 曲线

在测量中 K 置于 ΔU 不动，"ΔU 调零"、"I_F 调节"两旋钮均不动。

开启加热电源（指示灯亮），逐步提高控温电流改变温度，并记录对应的 ΔU 和 T，可按 ΔU 每改变 10mV 或 15mV 立即读取一组 ΔU 和 T，这样可以减小测量误差。应该注意：在整个实验过程中，升温速率要缓慢，且温度不宜过高，最好控制在 120℃ 以下。数字电压表改变 1mV 时对应显示几个温度值，一般可以取第一个显示值。

作 ΔU-T 曲线，其斜率的绝对值就是被测 PN 结正向压降随温度变化的灵敏度 S（mV/℃）。

4. 估算被测 PN 结材料硅的禁带宽度 $E_g(0)$

根据式（2-36），略去非线性项，可得

$$U_g(0) = U_F(0) + 273.2S$$

$U_F(0)$ 为起始温度为 0℃ 时的压降。本实验从室温开始，该公式应写为

$$U_g(0) = U_F(T_R) + (273.2 + T_R)S$$

式中，T_R 用摄氏温标表示。用公式 $E_g(0) = qU_g(0)$ 来估算 PN 结的禁带宽度，其单位为 eV（电子伏）。将计算所得的 $E_g(0)$ 与公认值 $E_g(0) = 1.21eV$ 相比较，求其误差。

实验完毕，先关控温电流开关，再关闭电源。

五、思考题

1. 测 $U_F(0)$ 或 $U_F(T_R)$ 的目的何在？
2. 为什么实验要求测 ΔU-T 曲线而不是 U_F-T 曲线？
3. 测 ΔU-T 曲线为何按 ΔU 的变化读取 T，而不是按自变量 T 读取 ΔU？

六、附录

1. 样品室结构

样品室的结构如图 2-26 所示。其中 A 为样品室，是一个可卸的筒状金属容器。待测 PN 结样管和测温元件均置于铜座 B 上，其管脚通过高温导线分别穿过两旁空心细管与顶部插座 P1 连接。加热器 H 装在中心管的支座下，其发热部位埋在铜座 B 的中心柱体内，热加电源的进线由中心管上方的插孔 P2 引入，P2 和引线（外套瓷管）与绝缘容器为电源负端，通过插件 P1 的专用线与测试仪机壳相连接地，将被测 PN 结的温度和电压信号输入测试仪。

2. 测试仪的测量原理

测试仪由恒流源、基准电压源和显示等单元组成。其测量原理如图 2-27 所示。

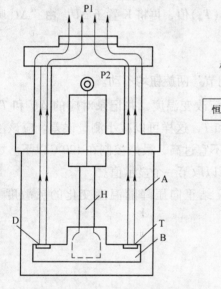

图 2-26　样品室结构图

A—样品室　B—样品座　D—待测 PN 结

T—测温元件　P1—D、T 引线

H—加热器　P2—加热电源插孔

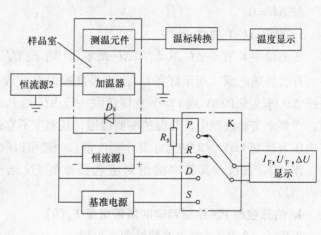

图 2-27　测量原理图

D_S 为待测 PN 结；R_S 为 I_F 的取样电阻；开关 K 起测量选择与极性变换作用，其中 P 和 R 测 I_F，P 和 D 测 U_F，P 和 S 测 ΔU。

"恒流源 1"为待测 PN 结 D_S 提供 I_F，电流输出范围 $0 \sim 1000\mu A$，连续可调。

"恒流源 2"为加热 D_S 提供控温电流，分为 10 挡，$0.1 \sim 1A$。

"基准电源"用于补偿 PN 结在 0℃ 或室温 T_R 时的正向压降 $U_F(0)$ 或 $U_F(T_R)$，可通过调节面板上的"ΔU 调零"旋钮实现 $\Delta U = 0$；此时若升温，则 $\Delta U < 0$，若降温，则 $\Delta U > 0$，表明正向压降随温度升高而下降。另外一组基准电源用于温标转换和校准，能将"测温元件"二极管的电压值转换成摄氏温标，在"温度显示"上显示。

显示部分的一组用于上面的测量温度显示，另一组用于 $I_F, U_F, \Delta U$ 的数值显示。该显示窗口的内容可由测量选择开关 K 来决定：当开关接通 P 和 R 时，显示 I_F；当开关接通 P 和 D 时，显示 U_F；当开关接通 P 和 S 时，显示 ΔU。

（1）顺时针旋钮 I_F 调节旋钮，取 $I_F = 50\mu A$；控温电流开关置"关"位置；将两端带插头的四芯屏蔽电缆一端插入测试仪的"信号输入"插座，另一端插入样品室顶部插座。连接时，应先将插头与插座的凹凸定位部位对准，再按插头的紧线夹部位，便可插入；在拆除时，只要拉插头的可动外套部位即可，切勿扭转或硬拉，以免断线。

打开位于机箱背后的电源开关，两组显示器即有指示，如发现数字乱跳或溢出（即首位显示"1"，后三位不显示），应检查信号耦合电缆插头是否插好、电缆芯线有否折断或脱焊、待测 PN 结和测温元件管脚是否与容器短路或引线脱落。

（2）将"测量选择"开关 K 拨到 I_F，转动"I_F 调节"旋钮，I_F 值可变；将 K 拨到 U_F，调 I_F, U_F 随之改变；再将 K 拨到 ΔU，转动"ΔU 调零"旋钮，可使 $\Delta U = 0$，说明仪器以上功能正常。

（3）将两端带"手枪式"插头导线分别插入测试仪的加热电源输出孔和样品室的对应输入孔，启动控温电流开关（置 0.2A 挡），加热指示灯即亮，$1 \sim 2min$ 后，即可显示出温度上升，说明仪器运行正常。

（4）仪器的温标设定，在出厂之前已在 0℃（冰、水混合）条件进行严格校准，如有偏差可在室温（分辨力为 0.1℃温标）实现复校。

（5）本实验可以 0℃ 为起始温度 T_s，但需要在样品筒上加一个 O 形橡胶垫和一只盛有冰水混合物的广口杜瓦瓶。

（6）测试仪设有 U_T（温度数字量）和 ΔU 的输出口，可供 X-Y 函数记录仪使用。

（7）由于 U_F 不仅与 T 有关，还与结面积等有关，导致有些 PN 结的测量结果偏差较大。

（聂宜珍）

实验十七　电子束偏转与聚焦

随着近代科学技术的发展，电子技术的应用已深入到社会各个领域，其相应的物理基础，例如带电粒子在电场和磁场中的运动规律等，已成为掌握现代化科学技术必不可少的基础知识。例如，示波器、电视显像管、雷达指示器、电子显微镜等，都利用了电子束的聚焦与偏转特性。电子束的聚焦与偏转可以通过电场和磁场对电子的作用来实现。

一、实验目的

（1）了解示波管的构造。
（2）掌握电子束在外加电场与磁场中偏转和聚焦的原理。
（3）进一步了解电子在电场和磁场中的运动规律。

二、实验原理

1. 电子束的电聚焦

电子束聚焦的目的是将散开的电子流聚成细束,使在荧光屏上得到细小的亮点。在图 2-28 所示的示波管中,阴极 K 经灯丝加热发射电子,第一阳极 A_1 加速电子,使电子束通过栅极 G 的空隙。由于栅极电位与第一阳极电位不相等,在它们之间的空间便会产生电场,使阴极表面不同点发出的电子在栅极前方会聚,形成一个电子交叉点。由第一阳极 A_1 和第二阳极 A_2 组成的电聚焦系统,将上述交叉点成像在示波管的荧光屏上,由于该系统与凸透镜对光的会聚作用相似,所以通常称之为电子透镜。

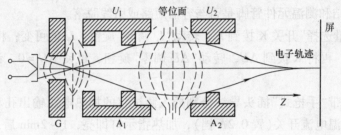

图 2-28 示波管结构图

电极 A_1,A_2 由两个同轴圆筒组成,A_1 的电位比 A_2 的电位低,在二者之间形成如图 2-29 所示的电场,图中实线表示电场线,虚线表示等位线。沿管轴 Z 方向前进的电子所受的电场力也沿 Z 方向,因而运动方向不变;但若电子射出 A_1 时偏离了中心轴,则所受的电场力 F 与 Z 轴斜交,此时 F 可分解为垂直于 Z 轴的 F_1 和平行于 Z 轴的 F_2。F_2 使电子沿 Z 轴方向加速,F_1 使电子产生一个垂直于中心轴的加速度,因此在电场的作用下,电子会被拉回中心轴线。当电子将要射入 A_2 时,情况与前面相反,这部分电场具有散焦作用;但是这时电子

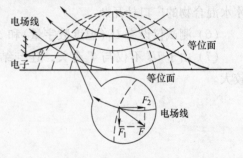

图 2-29 电场示意图

前进速度已经很大,电场的散焦作用时间短,所以散焦作用极小。前段速度小聚焦时间长,后段速度大散焦时间短,总的作用是聚焦的。

在聚焦电压 U_1 的作用下,电子趋向电子枪轴而会聚一点。在加速电压 U_2 一定时,调节 U_1 的大小,当电压比 $\dfrac{U_2}{U_1} = K$ 为某一常数时,会聚点正好落在荧光屏上,呈现为一会聚的光点。K 称为聚焦条件。

第二阳极 A_2 对电子直接起加速作用,称为加速极;第一阳极 A_1 主要用来改变 $\dfrac{U_2}{U_1}$,便于聚焦,故称为聚焦极。改变 U_2 也能改变比值 $\dfrac{U_2}{U_1}$,所以第二阳极也能起到辅助聚焦

作用。

2. 电子束的电偏转

取一个直角坐标系来研究电子的运动，令 Z 轴沿示波管的轴线方向，在荧光屏上 X 轴为水平方向，Y 轴为垂直方向。

电偏转原理如图 2-30 所示，通常在示波管的 Y 偏转板上加偏转电压 U，从加速极出来的电子以速度 v 沿 X 方向进入偏转板后，受到 Y 方向电场力的作用，假定偏转电场在偏转板的长度范围内是均匀的，电子作抛物线运动，在偏转板外，电场为 0，电子不受力，作匀速直线运动。根据功能原理，加速电压 U_2 对电子所做的功全部转化为电子动能，即

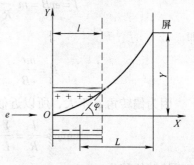

图 2-30　电偏转原理图

$$eU_2 = \frac{1}{2}mv^2 \qquad (2\text{-}42)$$

式中，v 为电子的初速度。

由于在偏转板内，$Y = \frac{1}{2}\frac{eE}{m}\left(\frac{X}{U}\right)^2$，$Y$ 为电子束在 Y 方向的偏转，由式（2-42）得

$$Y = \frac{UX^2}{4U_2 d}$$

电子离开偏转系统时，电子运动的轨道与 X 轴所成的偏转角 φ 的正切为

$$\tan\varphi = \left.\frac{\mathrm{d}Y}{\mathrm{d}X}\right|_{x=l} = \frac{lU}{2U_2 d}$$

设偏转板的中心至荧光屏的距离为 L，电子在荧屏上的偏转为 Y，则 $\tan\varphi = \dfrac{Y}{L}$，所以

$$Y = \frac{lLU}{2U_2 d} \qquad (2\text{-}43)$$

由式（2-43）可知，荧光屏上电子束的偏转距离 Y 与偏转电压 U 成正比，与加速电压 U_2 成反比，由于上式中的其他量是与示波管结构有关的常数，故可写成

$$Y = k_e \frac{U}{U_2} \qquad (2\text{-}44)$$

式中，k_e 为电偏常数。可见，当加速电压 U_2 一定时，偏转距离与偏转电压成线性关系。

定义：

$$\delta_e = \frac{Y}{U} = k_e \frac{1}{U_2} \qquad (2\text{-}45)$$

式中，δ_e 为电偏转灵敏度，单位为 mm/V。δ_e 越大，表明电偏转系统的灵敏度越高。

3. 电子束的磁偏转

磁偏转原理如图 2-31 所示。

在电子枪和荧光屏之间加上一均匀磁场，假定磁场在偏转板的长度 l 范围内是均匀

的，在其他范围都为零。当电子以速度 v 沿 X 方向垂直射入磁场时，将受到洛伦兹力作用，在均匀磁场 B 内电子作匀速圆周运动，轨道半径为 R，电子穿出磁场后作匀速直线运动，最后打在荧光屏上，由牛顿第二定律得

$$f = evB = m\frac{v^2}{R}$$

即

$$R = \frac{mv}{eB}$$

因为偏转角 φ 不大，所以近似地有

$$\tan\varphi \approx \frac{l}{R} = \frac{Y}{L}$$

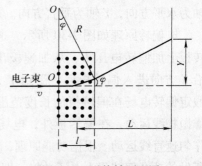

图 2-31　磁偏转原理图

故磁偏转位移为

$$Y = \frac{elLB}{mv}$$

由式(2-42)消去 v，得

$$Y = \sqrt{\frac{e}{2mU_2}}lLB \qquad (2-46)$$

式(2-46)说明，磁偏转的距离与所加磁感应强度 B 成正比，与加速电压 U_2 的平方根成反比。因为磁感应强度与通过偏转线圈的电流成正比，即

$$B = KI$$

式中，K 为与线圈半径有关的常量；I 为通过线圈的电流值。故式(2-46)可写为

$$Y = k_m\frac{I}{\sqrt{U_2}} \qquad (2-47)$$

式中，k_m 为磁偏常数。可见，当加速电压一定时，位移与电流呈线性关系。为描述磁偏转灵敏度，定义：

$$\delta_m = \frac{Y}{I} = k_m\frac{1}{\sqrt{U_2}} \qquad (2-48)$$

式中，δ_m 为磁偏转灵敏度，单位为 mm/A。δ_m 越大，表明磁偏转系统的灵敏度越高。

将式(2-45)与式(2-48)相比较可以看出，提高加速电压 U_2 对 δ_m 的影响比对 δ_e 的影响小，因此，使用磁偏转时，提高显像管中电子束的加速电压来增强屏上图像的亮度水平比使用电偏转有利。磁偏转便于得到电子束的大角度偏转，更适合大屏幕的需要，因此显像管往往采用磁偏转；但是偏转线圈的电感和较大的分布电容不利于高频使用，而且体积和重量较大，所以示波管往往采用电偏转。

三、实验仪器

DS-Ⅲ型电子束实验仪，面板图与使用说明见附录。

四、实验内容与要求

1. 测量前的准备工作

（1）打开仪器面板上右下角的电源开关，将聚焦选择开关"点线"置于"点"（POINT）聚焦位置，辉度控制 U_G 处在适当位置，适当调节加速电压 U_2 和聚焦电压 U_1，使示波管屏上光点聚成一个细点，光点不要太亮，以免烧坏荧光物质。

（2）将"电压测量转换"开关分别置于 U_{dX} 和 U_{dY} 挡，调节 U_{dX} 和 U_{dY} 电位器，使 U_{dX} 和 U_{dY} 均为 0V，调节仪器面板上部的"X,Y 辅助调零"电位器，使光点处于坐标刻度盘的中心点。

2. 电子束的电聚焦

（1）适当调节加速电压 U_2 和聚焦电压 U_1，使示波管屏上光点聚成一个细点，记录此时的聚焦电压 U_1 和加速电压 U_2。

（2）改变加速电压 U_2 和聚焦电压 U_1，再使示波管屏上光点聚成一个细点，记录此时的 U_2 和 U_1，算出聚焦条件 $K = \dfrac{U_2}{U_1} \approx$ 常数。

3. 电子束的电偏转

（1）将光点恢复到测量前的准备状态。

（2）将"高压测量转换"开关置于加速电压 U_2 挡，记录此时的加速电压值。

（3）改变 X 偏转电压 U_{dX}，使光点在 x 方向偏转为 D，每偏转 5mm 记录一次相应的偏转电压 U_{dX}，作 D-U_{dX} 曲线。

（4）测量不同加速电压 U_2（至少三组）时的 D-U_{dX} 曲线。

（5）同理，测量不同加速电压 U_2（至少三组）时的 D-U_{dY} 曲线。

（6）根据测得的数据，计算不同加速电压时的电偏转灵敏度。

4. 电子束的磁偏转

（1）将光点恢复到测量前的准备状态。

（2）接通仪器面板右下角的"恒流源"开关，"电流测量转换"开关置于"200mA"挡。

（3）将恒流源"电流调节"电位器逆时针旋到底，此时"电流显示"为"0"，然后顺时针缓慢调节恒流源"电流调节"电位器，使光点偏转为 D，每偏转 5mm 记录相应的电流值 I。

（4）测量不同加速电压 U_2（至少三组）时的 D-I 曲线。

（5）改变仪器面板左侧中部的"换向"开关，使流过磁偏转线圈的电流换向，重复步骤（3）、（4）。

（6）根据测得的数据，计算不同加速电压时的磁偏转灵敏度。

五、注意事项

（1）电子束聚焦亮点不要太亮，否则容易损坏示波管的荧光物质。

（2）示波管的参数由实验室给出。

六、思考题

1. 结合实验数据，分析电偏转和磁偏转各自的优劣。

2. 如果一电子束同时在电场和磁场中通过，则在什么条件下，荧光屏的光点恰好不发生偏转？

3. 本仪器也可以观察磁聚焦现象，并可利用磁聚焦来测定电子的比荷，其原理参见实验八。试说明如何利用本仪器来测定电子的比荷。

七、附录

DS-Ⅲ型电子束实验仪面板，如图 2-32 所示。

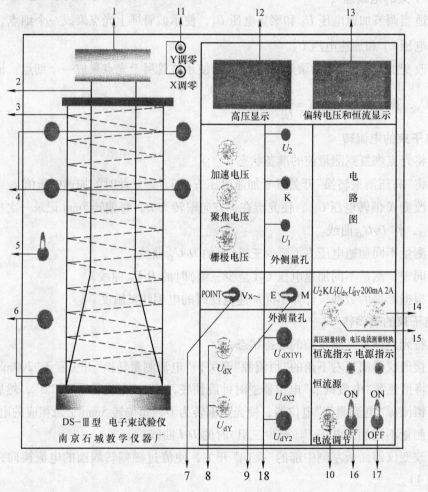

图 2-32　DS-Ⅲ型电子束实验仪面板示意图

整个实验仪器安放在一个铝合金箱子内，核心元件是一支低功率电子示波管，管壁的石墨层成空环带状，从管壁外部可清楚看到管内电子枪及各电极的形状结构，示波管在仪器面板左上方是半固定的，必要时可以卸掉刻度（坐标）板，将管身稍微抬起，以便套上纵向螺线管线圈。

　　仪器面板根据需要划分为如下几个功能区：左边是示波管、磁偏转线圈插座、纵向磁场线圈电源插座及其换向开关；中上方是示波管加速电压 U_2、聚集电压 U_1、栅压 U_G（亮度）控制及外测量孔；中下方是偏转电压 X 轴（水平方向 U_{dX}）控制、Y 轴（纵向方向 U_{dY}）控制及外测量孔；右方中部是电子束电路示意图及高压测量转换开关和电压电流测量转换开关；右下方是电子束电源开关和恒流源电源开关；右上方是数字电表，分别显示实验需要的各电压和电流值，下方为对应显示数据的指示灯。仪器箱内配有示波管、螺线管线圈、磁偏转线圈。

　　说明：

　　1-8SJ 系列示波管插座。

　　2-8SJ 系列示波管。

　　3-做电子束磁聚焦实验时的螺线管线圈。

　　4-做电子束磁偏转实验时的磁偏转线圈插孔。

　　5-做电子束磁聚焦实验和磁偏转实验时恒流换向开关。

　　6-电子束磁聚焦实验时的螺线管线圈的电流线插孔。

　　7-电子束点和线的转换开关，打向左侧时电子束为点，打向右侧时电子束为线。

　　8-做电子束电偏转实验时，X，Y 方向的偏转电压调节旋钮。

　　9-当此开关打向"M"时，做电子束的聚焦实验（此时示波管的第一阳极 A_1 和第二阳极 A_2 连接）；当此开关打向"E"时，做电子束的其他实验。

　　10-电子束磁偏转实验和磁聚焦实验时用的恒流源电流调节旋钮。

　　11-电子束 X，Y 方向的电偏转辅助调节电位器。

　　12-示波管加速电压（对应 U_2）、栅极电压（对应 K）和聚焦电压（对应 U_1）的电压显示值，通过开关"15"进行测量转换。

　　13-示波管的 X 轴偏转电压（对应 U_{dX}）、Y 轴偏转电压（对应 U_{dY}）、磁偏转恒流源（对应 200mA）和磁聚焦恒流源（对应 2A）的显示值，通过开关"14"进行测量转换。

　　14-示波管的 X 轴偏转电压（对应 U_{dX}）、Y 轴偏转电压（对应 U_{dY}）、磁偏转恒流源（对应 200mA）和磁聚焦恒流源（对应 2A）的测量转换开关。

　　15-示波器的加速电压（对应 U_2）、栅极电压（对应 K）和聚焦电压（对应 U_1）的测量转换开关。

　　16-恒流源开关。当恒流源接通时，开关上方的红色指示灯亮，恒流源正常工作。

　　17-电源开关。当电源接通时，开关上方的红色指示灯亮。

　　18-U_2 测量孔为示波管的加速电压外测量孔，K 测量孔为栅极电压外测量孔，U_1 测量孔为聚焦电压的外测量孔，U_{dX1Y1} 测量孔为外测量孔的公共地，U_{dX2} 测量孔为 X 轴偏转电压的外测量孔，U_{dY2} 测量孔为 Y 轴偏转电压的外测量孔。

（聂宜珍）

实验十八　相对介电常数的测定

相对介电常数 ε_r 是描写电介质性质的重要参数。它不仅是电磁学、电工学研究的一个主要参数，在工程技术中也常常是反映各种材料特性的重要参数，对 ε_r 的测量具有广泛的意义。

一、实验目的

（1）了解相对介电常数的意义。
（2）掌握电容法测固体电介质相对介电常数的原理和方法。
（3）掌握频率法测液体电介质相对介电常数的原理和方法。

二、实验原理

1. 电容法测量固体电介质相对介电常数

电介质是一种不导电的绝缘介质，在电场作用下会产生极化现象，从而在均匀介质表面上感应出束缚电荷，而束缚电荷会形成附加电场，这样就减弱了外电场的作用。例如，两极板的面积为 S，极板间距离为 $H(H^2 \ll S)$，自由电荷密度分别为 $+\sigma_0$ 和 $-\sigma_0$，这样的平行板电容其内部所产生的均匀电场为

$$E_0 = \frac{\sigma_0}{\varepsilon_0}$$

式中，ε_0 为真空中的介电常数，$\varepsilon_0 = 8.854 \times 10^{-12} \text{C/V} \cdot \text{m}$。电容量为

$$C_0 = \frac{Q_0}{U_0} = \frac{\sigma_0 S}{E_0 H} = \frac{\varepsilon_0 S}{H} \tag{2-49}$$

式中，Q_0 为极板电荷量；U_0 为极板间电势差。

当电容器充满了相对介电常数为 ε_r 的均匀电介质时，其电容变为

$$C = \frac{\varepsilon_r \varepsilon_0 S}{H} = \varepsilon_r C_0 \tag{2-50}$$

式中，ε_r 为电介质的相对介电常数，是一个量纲为一的量。不同电介质的相对介电常数 ε_r 不同，因此它是描写介质特性的物理量。

实验中，分别测量出电容器在填充介质前、后的电容，即可根据式（2-50）推算出该介质的相对介电常数。

当平行极板间距 H 与极板线度相当时，边缘效应和分布电容将对测量效果带来一定的影响，实验中要设法消除边缘效应及分布电容的影响。

测量装置如图 2-33 所示，实验电路图如图 2-34 所示。

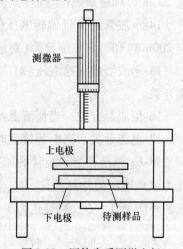

测微器

上电极

下电极　　待测样品

图 2-33　固体介质测微电极

设待测固体介质样品的厚度为 h，其上（下）面积为 S，放入相距 H 的平行极板间，测得其电容为 C_2，取出样品后测得电容为 C_1，则有

$$C_1 = C_0 + C_{边} + C_{分} \tag{2-51}$$

$$C_2 = C + C_{边} + C_{分} \tag{2-52}$$

式中，$C_{边}$，$C_{分}$ 分别是极板的边缘效应的电容、测量用的引线等系统结构所引入的分布电容；C_0 是电极间以空气为介质、极板面积为 S 计算出的电容量，考虑到空气的相对介电常数 $\varepsilon_r = 1.005$，可以近似认为是真空介质，所以

$$C_0 = \frac{\varepsilon_0 S}{H} \tag{2-53}$$

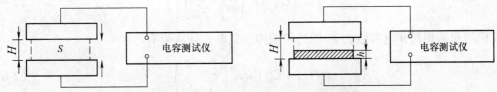

图 2-34 测量固体电介质的相对介电常数

C 为放入厚为 h 的样品后，电极间空气层和介质层串联而计算的电容，即

$$C = \frac{\dfrac{\varepsilon_0 S}{H-h} \cdot \dfrac{\varepsilon_0 \varepsilon_r S}{h}}{\dfrac{\varepsilon_0 S}{H-h} + \dfrac{\varepsilon_0 \varepsilon_r S}{h}} = \frac{\varepsilon_0 \varepsilon_r S}{h + \varepsilon_r (H-h)} \tag{2-54}$$

由式（2-51）和式（2-52），有

$$C = C_2 - C_1 + C_0 \tag{2-55}$$

由式（2-54）和式（2-55），有

$$\varepsilon_r = \frac{Ch}{\varepsilon_0 S - C(H-h)} \tag{2-56}$$

只要测得 C_1，C_2，由式（2-53）和式（2-55）求得 C，即可由式（2-56）得到 ε_r。

2. 频率法测定均匀液体介质的相对介电常数

如图 2-35 所示。介电常数测试仪内附有振荡器和定值电感 L，当外接的 C_1 或 C_2 与仪器内的 L 构成并谐振荡回路时，其振荡频率为 $f = \dfrac{1}{2\pi \sqrt{LC}}$，即得外接的电容量为

图 2-35 测量液体介质的相对介电常数

$$C = \frac{1}{4\pi^2 L f^2} = \frac{K^2}{f^2} \tag{2-57}$$

式中，$K^2 = \dfrac{1}{4\pi^2 L}$，当 L 固定时，K 为常数，频率 f 仅随回路的 C 值变化。

当电容极板间充满空气介质时，W 倒向 1，其电容量为 C_{01}，相应输出的振荡频率为

f_{01}，考虑到系统的分布电容，则有

$$C_{01} + C_{分} = \frac{K^2}{f_{01}^2} \tag{2-58}$$

W 倒向 2，其电容量为 C_{02}，相应振荡频率为 f_{02}，同理有

$$C_{02} + C_{分} = \frac{K^2}{f_{02}^2} \tag{2-59}$$

由式（2-58）和式（2-59），得

$$C_{02} - C_{01} = K^2 \left(\frac{1}{f_{02}^2} - \frac{1}{f_{01}^2} \right) \tag{2-60}$$

当极板间充满相对介电常数为 ε_r 的均匀液体介质时，同理可有

$$\varepsilon_r (C_{02} - C_{01}) = K^2 \left(\frac{1}{f_2^2} - \frac{1}{f_1^2} \right) \tag{2-61}$$

由式（2-60）和式（2-61），得

$$\varepsilon_r = \frac{f_2^{-2} - f_1^{-2}}{f_{02}^{-2} - f_{01}^{-2}} \tag{2-62}$$

只要测出了 f_{01}、f_{02}、f_1、f_2，即可由式（2-62）求得 ε_r。

三、实验仪器

介电常数测试仪，固体介质测微电极，电容测试仪，频率计，游标卡尺，螺旋测微计，待测液体介质，待测固体介质。

四、实验内容与要求

1. 用电容测试仪测固体介质的 ε_r

（1）认识测微电极装置的结构，明确测读 H 的方法。

（2）用游标卡尺和螺旋测微计测固体样品的直径 D 和厚度 h，每个测量 10 次。

（3）选择 H 约为样品厚度的 1.3 倍，按图 2-34 连接线路，分别测记不放样品和放入样品后的 C_1、C_2，重复 8 次。

（4）求出该固体介质的 ε_r 及其不确定度。

2. 用频率法测液体介质的 ε_r

（1）按图 2-35 连接线路，当液体介质测量电极间充满空气时，分别读记 W 倒向 1 和 2 时对应的 f_{01}、f_{02}，重复 8 次。

（2）在容器杯中小心地倒入适量待测液体，使液面略高于测量电极板，用手轻摇测量电极装置，以让液体充分浸润电极且液面下无气泡。仿上分别测记此时的 f_1、f_2。

（3）测量完毕，将待测液体倒回原处。用水冲洗测量电极容器，然后放入适量洗涤剂清洗残留的液体，再用清水冲洗，如此反复，直至容器装置接近原状。为延长仪器使用寿

命，可由实验室提供空容器（充满空气）和装有适量待测液体的容器各一个，省略清洗步骤。

（4）求出该液体介质的 ε_r 及其不确定度。

五、注意事项

（1）人体对测量系统的影响较大，操作中人体应远离系统 $20 \sim 30 \mathrm{cm}$。

（2）介电常数测试仪中振荡器的频率不是很稳定，W 的倒向及读记对应的频率要快速，并且测读液体介质的时间应尽可能与测读空气介质的时间一样。

（3）倒入、倒出液体要细致，不要滴落在仪器或桌面上。

（4）放入固体介质时，要注意让其与上下极板同轴，重复测量时，应尽可能使其状态相同。

（5）待测液体介质的损耗电阻应大于 $10^6 \Omega$，否则振荡器将停振。

六、思考题

1. 若液体未完全浸润极板或极板间有气泡，对测量结果有何影响？

2. 如果有效面积 S、极板间距 H 的测量误差大，将会对 ε_r 的测量值有何影响？

3. 测量装置系统的分布电容是采取什么样的方法减弱其影响的？实验操作中要注意什么？

（聂宜珍）

实验十九　螺线管内磁场的研究

电磁场的应用非常广泛，而螺线管磁场具有典型的代表性，因此对螺线管磁场的研究和测量就非常重要。螺线管磁场的测量方法很多，利用霍尔现象测量具有测量简便、精确度高等优点，因为霍尔元件具有响应快、工作频率高、功耗低等特点，所以霍尔元件在测量技术中应用非常多，例如，在转速测量、液体控制、液体流量检测、产品计数、车辆行程检测、周期测量等方面均有应用。

通过研究霍尔效应还可测得霍尔系数，由此能判断材料的导电类型和载流子浓度等重要参数。本实验着重研究霍尔元件的特性，并利用霍尔元件测绘螺线管内的磁场分布。

一、实验目的

（1）了解用霍尔效应测量磁场的原理和方法。

（2）了解霍尔器件的工作特性。

（3）测绘长直螺线管的轴向磁感强度分布，并和理论值进行对比，以检验实验的精度和巩固理论知识。

二、实验原理

1. 霍尔效应法

如图 2-36 所示，一厚度为 d 的 N 型半导体薄片在 x 方向通过电流 I_S，y 方向加磁场 B，其内部作定向运动的载流子（电子）受到洛伦兹力 F_B 的作用而发生偏转，共结果沿 z 正方向出现电子聚积。由于这个电荷的聚积将建立起一个内电场，称为霍尔场 E_H，使电子在受到洛伦兹力 F_B 作用的同时还受到与此反向的电磁力 F_E 的作用。当两力相等时，电子聚积达到动态平衡，这时在垂直于电流和磁场的 z 轴方向上形成一横向电势差，即在 A 和 A' 两端有稳定的电动势 U_H 输出。这一现象是霍普斯金大学研

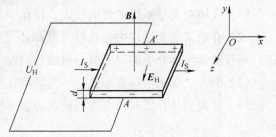

图 2-36　产生霍尔电压示意图

究生霍尔于 1879 年发现的，后被称为霍尔效应，U_H 称为霍尔电动势。可以证明 U_H 与电流 I_S 和磁场 B 的乘积成正比，与半导体薄片的厚度 d 成反比，即

$$U_H = R_H \frac{I_S B}{d} \tag{2-63}$$

式中，R_H 为比例常数，称为霍尔系数，其值取决于半导体材料的特性。

所谓霍尔器件，就是利用上述霍尔效应制成的电磁转换元件。它能将磁信息转化为电信息，通过电器仪表测量出来。现已广泛用于非电量电测、自动控制和信息处理等各个领域。对于成品的霍尔器件，其 R_H 和 d 已定，因此在实用上就将式(2-63)写成

$$U_H = K_H I_S B \tag{2-64}$$

式中，$K_H = \dfrac{R_H}{d}$，称为霍器件的灵敏度（其值由制作厂家给出），它表示该器件在单位工作电流和单位磁感应强度下输出的霍尔电压。式(2-64)中 I_S 的单位为 mA，U_H 的单位为 mV，K_H 的单位为 $mV \cdot mA^{-1} \cdot kGs^{-1}$。根据式(2-64)，因 K_H 已知，而 I_S 由实验给出，所以只要测出 U_H 就可以求得未知磁感应强度 B。

2. U_H 的测量方法

由于霍尔器件中存在多种副效应，以致实验测得的 A 和 A' 两电极之间的电压并不等于真实的 U_H 值，而是包含着各种副效应所引起的附加电压，因此必须设法消除。根据副效应产生机理可知，采用电流和磁场换向的对称测量法，基本上能够将副效应的影响从测量的结果中消除。具体的做法是保持 I_S 和 B（即 I_M）的大小不变，改变电流和磁场的方向，依次测量下列 4 组不同方向的 I_S 和 B 组合的 A 和 A' 两点之间的电压 U_1，U_2，U_3 和 U_4，即

$$+I_{\text{S}} \quad +B \quad U_1$$
$$-I_{\text{S}} \quad +B \quad U_2$$
$$-I_{\text{S}} \quad -B \quad U_3$$
$$+I_{\text{S}} \quad -B \quad U_4$$

然后求 U_1, U_2, U_3 和 U_4 的代数平均值，可得

$$U_{\text{H}} = \frac{1}{4}(U_1 - U_2 + U_3 - U_4) \tag{2-65}$$

或求 U_{H} 的大小，有

$$U_{\text{H}} = \frac{1}{4}(\,|\,U_1\,| + |\,U_2\,| + |\,U_3\,| + |\,U_4\,|\,) \tag{2-66}$$

通过对称测量法求出的 U_{H} 虽然还存在个别无法消除的副效应，但其引入的误差很小可以略而不计。

式(2-64)和式(2-65)就是本实验用来测量磁感强度的依据。

3. 载流长直螺线管内的磁感强度

螺线管是由绕在圆柱面上的导线构成，对于密绕的螺线管，可以看成是一系列有共同轴线的圆形线圈的并排组合，因此一个载流长直螺线管轴线上某点的磁感应强度，可以通过对各圆形电流在轴线上该点所产生的磁感应强度进行积分而得到。对于一有限长的螺线管，在距离两端等远的中心点，磁感强度为最大，且有

$$B = \mu_0 n I_{\text{M}} \tag{2-67}$$

式中，μ_0 为真空中磁导率；n 为螺线管单位长度的匝数；I_{M} 为线圈的励磁电流。

由图 2-37 所示的一长螺线管的磁场分布可知，其内腔中部磁感应线是平行于轴线的直线系，渐近两端口时，这些直线变为从两端口离散的曲线，说明其内部的磁场是均匀的，仅在靠近两端口处，才呈现明显的不均匀性。根据理论计算，一长直螺线管两端的磁感应强度为内腔中部磁感应强度的一半。

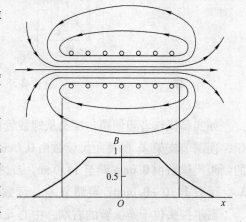

图 2-37　载流长直螺线管磁场分布图

三、实验仪器

TH-3 型螺线管磁场测定实验组合仪。该组合仪由实验仪和测试仪两大部分组成。

1. 实验仪

实验仪如图 2-38 所示。探杆固定在二维(X，Y 方向)调节支架上，其中 Y 方向的调节支架，通过旋钮 Y 调节探杆中心轴线相对螺线管内孔轴线的位置，应使之重合。仪器出厂前，探杆中心轴线与螺线管内孔线已按要求进行了调整，因此，实验中 Y 旋钮无需调

节。X 方向调节支架，通过旋钮 X_1，X_2 调节探杆的轴向位置。二维支架上设有 X_1，X_2 及 Y 测距尺，用来指示探杆的轴向和纵向的位置。

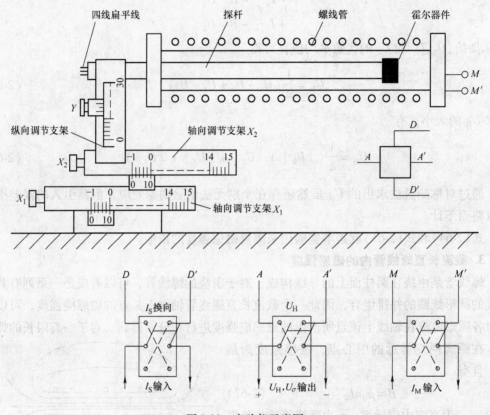

图 2-38　实验仪示意图

如实验操作者想使霍尔探头从螺线管的右端移至左端，为调节方便，应先调节 X_1 旋钮，使调节支架 X_1 的测距尺读数由 0.0cm 调至 14.0cm；再调节 X_2 旋钮，使调节支架 X_2 的测距尺读数由 0.0cm 调至 14.0cm。反之，要使探头从螺线管左端移到右端，应先调节 X_2，读数 14.0 ~ 0.0cm；再调节 X_1，读数 14.0 ~ 0.0cm。

霍尔探头位于螺线管的右端、中心及左端，其测距尺指示见表 2-2。

表 2-2　霍尔探头位于不同位置时的测距尺读数　　　　　　单位：cm

位　　置	右　　端	中　　心	左　　端
X_1	0	14	14
X_2	0	0	14

2. 测试仪

测试仪面板图如图 2-39 所示。其功能如下：

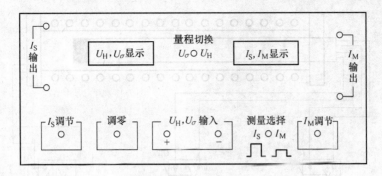

图 2-39 测试仪面板图

（1）"I_S 输出"，提供霍尔器件的工作电流 I_S，输出电流 $0 \sim 10\text{mA}$，通过 I_S 调节旋钮连续调节。

（2）"I_M 输出"，提供螺线管励磁电流 I_M，输出电流 $0 \sim 1\text{A}$，通过 I_M 调节旋钮连续调节。I_S，I_M 读数可通过测量选择按键控制，按键共用一只 $3\frac{1}{2}$ 位 LED 数字电流表来指示。按键测 I_M，放键测 I_S。

（3）测量霍尔电压用 $3\frac{1}{2}$ 位 LED 数字毫伏表。

四、实验内容与要求

1. 霍尔器件输出特性测量

（1）按图 2-40 所示连接测试仪和实验仪之间相对应的 I_S，U_H 和 I_M 各组连线，要求测试仪的"I_S 调节"和"I_M 调节"旋钮均置于零位（即逆时针旋到底），经老师检查后方可开启测试仪的电源。必须指出，绝不允许将测试仪的励磁电源"I_M 输出"误接到实验仪的"I_S 输入"或"U_H 输出"处，否则一旦通电，霍尔器件即损坏。

（2）调节霍尔器件探杆支架上的 X_1，X_2，慢慢将霍尔器件移到螺线管的中心位置。

（3）测绘 V_H-I_S 曲线。取 $I_M = 0.800\text{A}$，并在测试过程中保持不变。调节 I_S，依次取 4.00mA，5.00mA，$\cdots$，10.00mA 7 组数据，用对称测量法（详见附录）测出相应的 U_1，U_2，U_3，U_4 的值，记入自拟表格中，绘制 V_H-I_S 曲线。

（4）测绘 U_H-I_M 曲线。取 $I_S = 8.00\text{mA}$，并在测试过程中保持不变。调节 I_M，依次取 0.300A，0.400A，$\cdots$，1.000A 测 8 组数据，填入自拟表格中，绘制 U_H-I_M 曲线。

注意：在改变 I_M 值时，要求快捷，每测好一组数据后，应立即切断 I_M。

2. 测绘螺线管轴线上磁感应强度的分布

取 $I_S = 8.00\text{mA}$，$I_M = 0.800\text{A}$，并在测量过程中保持不变。

（1）以相对螺线管两端口的中心位置为坐标原点，探头离中心位 $X = 14\text{cm} - X_1 - X_2$，调节旋钮 X_1，X_2，使测距尺读数 $X_1 = X_2 = 0.0\text{cm}$。先调节 X_1 旋钮，保持 $X_2 = 0.0\text{cm}$，使 X_1 停留在 0.0cm，0.5cm，1.0cm，1.5cm，2.0cm，5.0cm，8.0cm，11.0cm，14.0cm 等读数处；

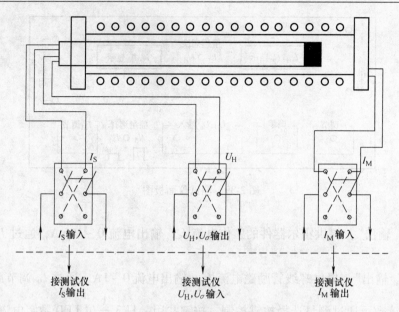

图 2-40　霍尔器件输出特性测量图

虚线所示部分线路已由厂家连接好

再调节 X_2 旋钮，保持 $X_1 = 14.0\text{cm}$，使 X_2 停留在 $3.0\text{cm}, 6.0\text{cm}, 9.0\text{cm}, 12.0\text{cm}, 12.5\text{cm}$，$13.0\text{cm}, 13.5\text{cm}, 14.0\text{cm}$ 等读数处，按对称测量法测出各相应位置的 U_1, U_2, U_3, U_4 值，并计算相对应的 U_H 及 B 值，记入自拟表格中。

（2）绘制 $B\text{-}X$ 曲线，验证螺线管端口的磁感应强度为中心位置磁强的一半（可不考虑温度对 U_H 的修正）。

五、注意事项

（1）该测试仪的面板上增设调零电位器，用来调节内部运算放大器的失调电压。实验前，令 I_S 和 I_M 开路，U_H 短接，此时 U_H 显示为 0。若有偏差，可调节调零进行校正。此项操作一般由实验教师完成。

（2）在实验过程中 U_H 开关自始至终保持闭合，否则 U_H 显示为 1。

（3）测 $U_H\text{-}I_S$ 或 $U_H\text{-}x$ 曲线时，应即时断开 I_M 换向开关，以防螺线管长时间通电而发热，导致霍尔器件升温，影响实验结果。

（4）霍尔元件性脆易碎，严禁碰撞受压，调节霍尔探头位置，不可用力过猛，要求细心缓慢操作。

（5）本实验测量结果受温度的影响较大，温度改变时，霍尔系数将取不同的值。这主要是由于不同温度下，半导体的载流子浓度不同造成的。

六、思考题

1. 什么是霍尔效应？为什么此效应在半导体中特别显著？

2. 若磁感应强度跟霍尔器件平面不完全正交，如图 2-36 所示，按 $B = \dfrac{U_H}{K_H I_S}$ 算出的磁感强度比实际值大还是小？

3. 在图 2-36 中，如果工作电流 I_S 换向，载流子（电子）的运动轨道将怎样弯曲？如果磁场的方向反转，等位线又怎样弯曲？

七、附录

1. 霍尔器件的副效应及其消除法

（1）不等电势差（或称零位误差）U_σ 是由于器件的 A 和 A' 两电极的位置不在理想的等势面上产生的。因此，即使不加磁场，只要有电流 I_S 通过，就有电压 $U_\sigma = I_S r$ 产生，其中 r 为 A 和 A' 所在两个等势面之间的电阻。结果在测量 U_H 时，就叠加了 U_σ，便得 U_H 值偏大（当 U_σ 与 U_H 同号）或偏小（当 U_σ 与 U_H 异号）。显然 U_H 的符号取决于 I_S 和 B 两者的方向，而 U_σ 只与 I_S 的方向有关。因此，可以通过分别改变 I_S 与 B 的方向进行测量，取其平均值将 U_σ 消去，如图 2-41 所示。

（2）温差电效应（即埃廷斯豪森效应）引起的附加电压 U_E。如图 2-42 所示，因构成的载流子速度不同，若速度为 v 的载流子所受到的洛伦兹力与霍尔电场的作用力刚好抵消，则速度大于或小于 v 的载流子在电场和磁场的作用下，将各自朝对立面偏转，从而在 z 方向引起温差 $T_A - T_{A'}$，因此不能消除；但其引入的误差很小可以忽略。

图 2-41　不等电势差　　　　　　图 2-42　温差电效应引起的附加电压

（3）热磁效应直接引起的附加电压 U_N（即能斯脱效应）。因器件两端引线的接触电阻不等，通电后的接点两处将产生焦耳热，导致在 x 方向有温度梯度，引起载流子沿梯度方向扩散而产生热扩散电流。热流 Q 在 y 方向磁场作用下，类似于霍尔效应在 z 方向产生附加电场 E_N。相应的电势差 $U_N \propto QB$，而 U_N 的符号只与 B 的方向有关，与 I_S 的方向无关。可用前述的 I_S 和 B 的换向对称测量法予以消除，如图 2-43 所示。

（4）热磁效应产生的温差（即里吉-勒迪克效应）而引起的附加电压 U_{RL}。（3）中所述的 x 方向扩散电流，因载流子的速度统计分布，在 y 方向的磁场 B 的作用下，和（2）中所述的同一道理将在 z 方向产生温度差 $T_A - T_{A'}$。由此引入的附加电压 $U_{RL} \propto QB$，U_{RL} 的符号只与 B 的方向有关，也能消除，如图 2-44 所示。

图 2-43　热磁效应直接引起的附加电压　　　图 2-44　热磁效应产生的温差引起的附加电压

综上所述，实验中测得 A 和 A' 之间的电压除 U_H 外，还包含 U_σ, U_N, U_{RL} 和 U_E 各电压的代数和。其中 U_σ, U_N 和 U_{RL} 均可通过 I_S 和 B 换向对称测量予以消除。设 I_S 和 B 的方向均为正向时，测得 A 和 A' 之间电压记为 U_1，并令各项附加电压均为正，即当 $+I_S$ 和 $+B$ 时，有

$$U_1 = U_H + U_\sigma + U_N + U_{RL} + U_E$$

将 I_S 换向，而 B 的方向不变时测得的电压记为 U_2，此时 U_H，U_σ 和 U_E 均改号，而 U_N 和 U_{RL} 符号不变，即当 $-I_S$ 和 $+B$ 时，

$$U_2 = -U_H - U_\sigma + U_N + U_{RL} - U_E$$

同理，按照上述分析，当 $-I_S$ 和 $-B$ 时，有

$$U_3 = U_H - U_\sigma - U_N - U_{RL} + U_E$$

当 $+I_S$ 和 $-B$ 时，有

$$U_4 = -U_H + U_\sigma - U_N - U_{RL} - U_E$$

求以上 4 组数据 U_1, U_2, U_3 和 U_4 的代数平均值，可得

$$U_H + U_E = \frac{1}{4}(U_1 - U_2 + U_3 - U_4) \quad (U_H \gg U_E)$$

2. 霍尔电动势的证明

如图 2-45 所示，现假设半导体薄片材料上通以电流 I_S（N 型），载流子（电子）沿着与电流 I_S 相反的方向运动，在磁感应强度 B 的作用下，电子受到的洛伦兹力大小为

$$F_B = evB \qquad (2\text{-}68)$$

方向按右手螺旋定则 $v \times B$，如图 2-45 所示。

开始时，只有少数电子受到 B 的作用发生偏转，使侧面产生电荷聚积。由于这种电荷聚积将建立起一个内电场，称为霍尔电场 E_H，使电子在受到洛伦兹力 F_B 的同时还受到与此反向的另外一个静电场力 F_E 的作用，其大小可表示为

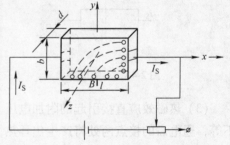

图 2-45 产生霍尔电动势的原理图

$$F_E = eE_H = \frac{eU_H}{b} \qquad (2\text{-}69)$$

式中，b 是半导体材料的宽度。

当两者达到动态平衡时，在 $10^{-11} \sim 10^{-13}$ s 内电子受到洛伦兹力 F_B 与电子受到霍尔电场力 F_E 大小相等，即 $F_E - F_B = 0$。而

$$U_H = vBb \qquad (2\text{-}70)$$

另外，通过 N 型半导体材料的电流 I_S 为

$$I_S = -nevbd \qquad (2\text{-}71)$$

式中，n 是电子浓度；d 是半导体材料的厚度。则

$$v = -\frac{I_S}{nebd} \qquad (2\text{-}72)$$

现将式(2-72)代入式(2-70)，得

$$U_H = -\frac{1}{ne}\frac{I_S B}{d} = R_H \frac{I_S B}{d} = K_H I_S B \qquad (2\text{-}73)$$

式中，$R_H = -\dfrac{1}{ne}$ 称为霍尔系数[注]，它反比于导电电子的浓度；$K_H = \dfrac{R_H}{d}$ 为霍尔器件的灵敏度。

如果半导体材料是 P 型的，其空穴的浓度为 p，则可按上述同理推导，得

$$U_H = \frac{1}{pe}\frac{I_S B}{d} \qquad (2\text{-}74)$$

因此，根据式(2-73)和式(2-74)我们可以从 U_H 的正负来判断半导体材料的类型。根据式(2-72)或式(2-74)还能计算出传导电子的浓度 n，或求得空穴的浓度 p。

（辛旭平）

实验二十 用焦距仪测透镜焦距与分辨本领

焦距仪主要由平行光管（准直管）和测量显微镜组成。平行光管是用来产生平行光的，它是装校、调整、检验光学仪器的重要工具，也是重要的量度仪器。若配以不同的分划板，连同测微目镜和读数显微镜，可以测量透镜和透镜组的焦距、分辨本领。也可以定性地检查光学零件的成像质量。在用焦距仪来测量透镜的焦距时，测量结果具有较高的精度。本实验拟用焦距仪来测量透镜的焦距和分辨本领。

一、实验目的

(1) 了解平行光管的结构和用途。
(2) 掌握用焦距仪测量透镜的焦距和分辨本领的方法。

二、实验原理

1. 用焦距仪测透镜的焦距

用焦距仪测透镜焦距的原理如图 2-46 所示。物体（其长为 y）位于平行光管物镜 L_o 的

[注] 在精确计算中，考虑到电子的速度按麦克斯韦分布，以及受晶格散射的影响，霍尔系数应为 $R_H = -\dfrac{3\pi}{8}\dfrac{1}{he}$。

焦平面上，由它发出的光经过物镜 L_0 后成为平行光，此光再经过待测透镜 L_x 后，成像在其焦平面上，长为 y'。

由图 2-46 中相似三角形关系可以得出待测透镜的焦距 f_x' 为

$$f_x' = \frac{y'}{y} \cdot f_0 \qquad (2\text{-}75)$$

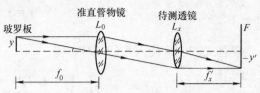

图 2-46　平行光管测透镜焦距原理图

式中，f_0 为平行光管物镜的焦距；y 和 y' 分别表示发光物体及其像的长度。由式(2-75)可见，在 f_0 已知的情况下（对于 550 型平行光管，其物镜焦距的标称值为 550mm），只要测出 y 和 y'，则待测透镜的焦距即可求。

在用焦距仪测透镜焦距时，是用玻罗板作为发光物体。玻罗板上有 5 组线对，其各组线对的间距标称值分别为 1mm，2mm，4mm，10mm，20mm，如图 2-47 所示，实验中可根据具体情况选择一组合适的线对进行测量。为了保证测量精度，一般待测透镜的焦距应小于平行光管物镜焦距的 $\frac{1}{2}$。

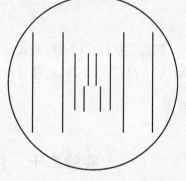

图 2-47　玻罗板图

2. 用焦距仪测透镜的分辨本领

分辨本领表示光学系统能够分辨细微结构的能力，是光学系统成像质量的综合性指标之一。通常用两个邻近的点或两条邻近的线通过系统成像后是否能分开来衡量光学系统的分辨本领高低。

按照光的夫琅禾费衍射理论，任何一物点发出的光通过透镜后所成的像不是一个点，而是一个光斑（艾里斑）。当两个物点靠得很近时，其衍射光斑刚好能被分辨的最小角度可用来表示透镜的分辨本领。根据瑞利判据，透镜的最小分辨角可用下式表示：

$$\Delta\theta = 1.22 \frac{\lambda}{D} \qquad (2\text{-}76)$$

式中，λ 是光波波长；D 为透镜的直径（孔径光阑）；$\Delta\theta$ 的单位为弧度。

实际的分辨本领是一个很复杂的问题，它涉及几何光学系统中的种种像差和欠缺，涉及被分辨的两个物点本身的强度和其他性质等。具体检测中，还会因人眼个体的分辨能力的差异不同。因而由式(2-76)计算所得的最小分辨角可认为是分辨本领的极限。

若根据瑞利判据采用直接观测法测透镜的分辨本领，就将一个鉴别率板置于平行光管的焦平面上，以代替十字分划板，如图 2-48 所示。

分辨率板上有 25 组条纹，每组条纹有 4 个不同的取向，如图 2-49 所示。同一组不同方向的条纹宽度和间距均相同，不同组的条纹宽度和间距是不同的。鉴别率板有几种不同的型号，不同号板的线条宽度各不相同。例如，2 号鉴别率板的刻线宽度 b 为 20～5μm，刻线的周期宽度为 $2b$（包括刻线和间隔宽度），即 2 号板相邻刻线间距 $2b$ 为 40～10μm；3

号鉴别率板 b 从 $40 \sim 10\mu m$。各组条纹的具体数值见表2-3。

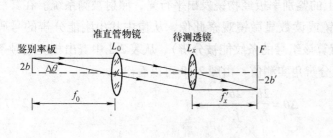

图2-48 测透镜分辨本领原理图

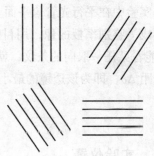

图2-49 分辨率板图

表2-3 分辨率板条纹宽度及最小分辨角

分辨率板号		2号		3号	
单元号码	每组刻纹数	$b/\mu m$	$\Delta\theta/('')$	$b/\mu m$	$\Delta\theta/('')$
1	4	20.0	15.00	40.0	30.00
2	4	18.9	14.18	37.8	28.35
3	4	17.8	13.35	35.6	26.70
4	5	16.8	12.60	33.6	25.20
5	5	15.9	11.93	31.7	23.78
6	5	15.0	11.25	30.0	22.50
7	6	14.1	10.58	28.3	21.23
8	6	13.3	9.98	26.7	20.03
9	6	12.6	9.45	25.2	18.90
10	7	11.9	8.93	23.8	17.85
11	7	11.2	8.40	22.5	16.88
12	8	10.6	7.95	21.2	15.90
13	8	10.0	7.50	20.0	15.00
14	9	9.4	7.05	18.9	14.18
15	9	8.9	6.68	17.8	13.35
16	10	8.4	6.30	16.8	12.60
17	11	7.9	5.93	15.9	11.93
18	11	7.5	5.63	15.0	11.25
19	12	7.1	5.33	14.1	10.58
20	13	6.7	5.03	13.3	9.98
21	14	6.3	4.73	12.6	9.45
22	14	5.9	4.43	11.9	8.93
23	15	5.6	4.20	11.2	8.40
24	16	5.3	3.98	10.6	7.95
25	17	5.0	3.75	10.0	7.50

注：表中的 b 表示刻纹宽度，$\Delta\theta$ 表示当 f_0 为标称值时的最小分辨角。

在用直接观测法测透镜分辨率时，是用白光或单色光照明，用人眼观察直接进行判断。本实验中在平行光管焦平面上的鉴别率板经物镜发出平行光，照射被测系统。在其后焦面形成一鉴别率板的像，用目镜或读数显微镜观察此像，从像中找出刚能分辨的号码（只要能看见任一取向的条纹，就算该组号的条纹能被分辨）。从表2-3中查出相应组号条纹的角距 $\Delta\theta$，即为该透镜的最小分辨角实测值。由图2-48可以看出

$$\Delta\theta = \frac{2b}{f_0} = \frac{2b'}{f'_x} \tag{2-77}$$

三、实验仪器

YJC 焦距测量仪，待测透镜，玻罗板，分辨率板。

YJC 焦距测量仪的结构如图2-50所示，它由平行光管、测量显微镜、导轨和透镜夹组成。平行光管的结构如图2-51所示。

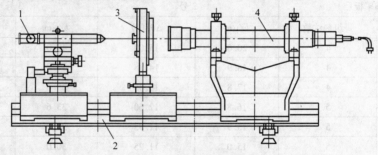

图 2-50　焦距仪结构图

1—测量显微镜　2—导轨　3—透镜夹持架　4—平行光管

分划板已准确定位在物镜的焦面上，因此，分划板的像将成于无穷远。本仪器采用的是 CPG-550 型平行光管，它有一个质量优良的准直物镜，其焦距标称值为550mm，实验中可采用实验室给出的焦距的实测值。

测量显微镜由物镜和测微目镜组成，如图2-52所示。

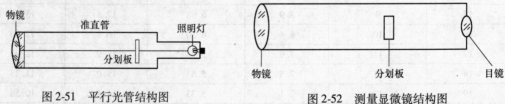

图 2-51　平行光管结构图

图 2-52　测量显微镜结构图

图中，分划板由固定分划板和活动分划板组成，两者靠得很近，可以认为两者在同一平面上。固定分划板上有8个分格，每分格距离为1mm，活动分划板上刻有叉丝，用于对准被测物体，如图2-53所示。

活动分划板的移动是靠测微目镜上的鼓轮带动丝杆来推动的。鼓轮转动一圈，活动叉丝刚好移动一格。其读数原理与螺旋测微计相似，用该测量显微镜测物体长度时，被测物

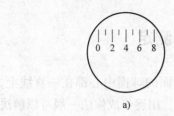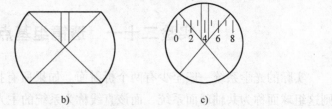

a)   b)   c)

图 2-53　分划板图

体先经物镜成像于分划板平面上，由测微目镜测出该像的长度。设某一物体经测量显微镜物镜所成的像的长度为 D，物镜放大倍数为 β，则该物体的实际长度为 $\dfrac{D}{\beta}$（本实验中显微物镜的放大倍数为 $\beta = 1$）。在用测量显微镜测物体的长度时，应注意以下两方面的问题：

（1）应使被测物体准确成像在分划板平面上，即要使物体的像与叉丝间无视差。

（2）在移动叉丝对准被测物像的过程中，要注意防止出现回程差。

四、实验内容与要求

1. 测定待测透镜的焦距

按图 2-50 放置仪器，并调同轴。按透镜焦距的测量原理图，用玻罗板作为物体，选取其中的某一合适线对，用测量显微镜分别测定该线对的实际间距 y 及其通过平行光管和待测透镜所成像的间距 y'。重复测量多次，分别求出其平均值 $\bar{y}$ 和 $\bar{y'}$，利用求间接测量量标准偏差的方法，求出待测透镜的焦距及其不确定度（平行光管焦距由实验室给出）。

2. 测待测透镜的分辨本领

将分辨率板（2 号或 3 号）放入平行光管，装上照明尾灯，则分辨率板发出的光经平行光管物镜后成为平行光，该光照射到待测透镜后符合夫琅禾费衍射条件，用测量显微镜观察其在待测透镜后焦面所成的像，找出刚能被分辨清的组号，再查表 2-3 即可得出待测透镜的分辨本领 $\Delta\theta$。

再将透镜的直径 D（其值由实验室给出）代入式（2-76），计算 $\Delta\theta$ 的理论值，并与实验值比较。因采用白光照明，计算时取 $\lambda = 550\text{nm}$。

五、思考题

1. 利用焦距仪测焦距有哪些优点？还存在哪些系统误差？

2. 在用测量显微镜观测被测物时，应怎样操作才能看清被测物的像，同时减小测量误差？

3. 在用分辨率板测透镜的分辨本领时，能否不用平行光管，而让分辨率板发出的光直接照射透镜来进行观测？

4. 在透镜分辨率的测定中，测量显微镜的作用是什么？

（沈金洲）

实验二十一　透镜组基点的测定

实际的光学系统一般至少有两个折射面。如果所有折射面的球面中心都在一直线上，则这组球面称为共轴球面系统，而该直线称为系统的主光轴。用逐步成像法一般可以解决多个折射面的共轴球面系统的成像问题，但在有些情况下是有困难的。为解决困难，人们在共轴球面系统中引入基点的概念，利用基点的性质可以解决系统的成像问题，使成像问题得到简化。本实验根据共轴球面系统基点的性质来测量透镜组的基点。

一、实验目的

（1）加强对透镜组基点的认识。
（2）用转台法测量透镜组的节点。
（3）测量透镜组的焦距。

二、实验原理

1. 透镜组的基点

两个以上薄透镜或厚透镜组成的共轴球面系统称为透镜组，单个薄透镜成像的规律已不能简单应用于透镜组。实际上，对透镜组已无法像对薄透镜那样定义光心的概念，所以再不能简单地将物距、像距等参量定义为物、像到光心的距离。为了方便地描述透镜组成像的规律，特别对透镜组系统规定几个特殊的位置，只要能确定这些特殊位置，就不一定要研究光线在透镜组内具体的折射过程，便可以用公式法或作图法求解系统的成像问题。这些特殊位置分别是透镜组系统的一对主焦点、一对主点和一对节点，统称为系统的基点。

（1）主焦点、主焦面。若平行光束从系统左边平行于系统光轴入射系统（系统中入射光的一边称为物空间），通过系统折射后，光束会聚在系统的右侧（系统的出射光一边称为像空间）光轴的 F' 点，这一点称为系统的像空间的主焦点或第二主焦点。通过 F' 点作垂直于光轴的平面称为系统像空间的焦平面或第二主焦平面。反过来，从像空间平行于系统光轴射入系统的平行光束，在物空间会聚在光轴的 F 点，称为系统物空间的主焦点或第一主焦点。通过 F 点作垂直于光轴的平面称为系统物空间的焦平面或第一主焦平面。

（2）主点、主平面。系统在物空间和像空间各有一个特殊的平面，称为系统的第一主平面和第二主平面，它们都与光轴垂直，具有如下特性：若将物体垂直于系统光轴放置在第一主平面处，则在第二主平面上成一个与物体大小相等的正立实像。因而主平面也就是横向放大率等于 $+1$ 的一对共轭平面。第一主平面和第二主平面与光轴的交点分别称为第一主点和第二主点，分别用 H, H' 表示。

（3）节点、节平面。系统光轴上，在物空间和像空间各有一个节点，称为系统的第一节点和第二节点，分别用 N, N' 表示。节点的特性是，当入射系统的光线（或延长线）通过第一节点 N 时，则出射系统的光线必须通过第二节点 N'，并与入射光线平行。节点是角

放大率 $\gamma = \dfrac{u'}{u} = +1$ 的一对共轭点。通过 N 和 N' 并垂直于光轴的平面分别称为系统的第一节平面和第二节平面。

2. 透镜组的物距、像距与焦距

透镜组的物距用 s 表示，为第一主平面到物点 P 的距离。像距用 s' 表示，为第二主平面到像点 Q 的距离。第一主点到第一主焦点的距离称为第一焦距，用 f 表示。第二主点到第二主焦点的距离称为第二焦距，用 f' 表示，如图 2-54 所示。

对于透镜组，高斯公式仍然成立，即

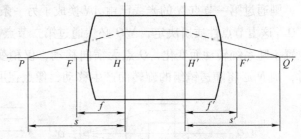

图 2-54　系统的物距、像距和焦距

$$\frac{1}{s'} - \frac{1}{s} = \frac{1}{f'} \tag{2-78}$$

式中各量的符号遵循笛卡儿法则，以入射光从左向右入射为标准方向。各量与标准方向一致则取正，否则取负。在应用式 (2-78) 时应将各量的数值和符号同时代入进行计算。

当共轴球面系统处于同一媒质中时，两主点分别与相应的两节点重合。对于单个薄透镜的两主点与透镜的光心重合，而共轴球面系统两主点的位置将随各透镜的焦距和系统的空间特性而异。以两个薄透镜的组合为例进行讨论。设两薄透镜的像方焦距为 f_1' 和 f_2'，两透镜之间的距离为 d，则透镜组的像方焦距 f' 可由下式求出：

$$f' = \frac{f_1' f_2'}{|f_1'| + |f_2'| - d}, \quad f = -f' \tag{2-79}$$

由此可见，当 $|f_1'| + |f_2'| > d$ 时，f' 为正，f 为负，两焦点在两主点外侧；当 $|f_1'| + |f_2'| < d$ 时，f' 为负，f 为正，两焦点在两主点内侧。

两主点的位置分别为

$$x_H = \frac{f_1' d}{|f_1'| + |f_2'| - d} \tag{2-80}$$

$$x_H' = \frac{-f_2' d}{|f_1'| + |f_2'| - d} \tag{2-81}$$

计算时，x_H' 是从第二透镜光心到系统第二主平面的距离。x_H 是从第一透镜光心到系统第一主平面的距离。

当 $|f_1'| + |f_2'| > d$ 时，因 f_1' 为正量，所以 x_H 为正；又因 f_2' 也为正量，所以 x_H' 为负量，这说明主平面应在透镜组内侧。

3. 主焦点、节点、焦距的测量方法

(1) 主焦点的测量。使平行光平行于光轴入射到共轴球面系统，在另一侧接收白屏上可获得清晰的光源的像点，即为第二主焦点 F'。如果主焦点在系统内部，屏上接收不到光源的像，可在第二个透镜后面加一个已知焦距的凸透镜作辅助透镜，根据像距和焦距求出虚物距,定出的虚物点便是透镜组的焦点。

(2)用测节器测量透镜的节点(主点)。运用节点的特性可以用实验方法确定透镜组节点的位置。如图 2-55a 所示,设有一束平行光平行于光轴入射透镜组,光线通过透镜组后会聚于第二焦点 F',即焦面上的 Q 点。若保持入射光线在空间方向不变,使透镜组绕通过第二节点 N' 并与光轴垂直的轴(测节器的转轴)旋转某一小角度 θ 时,如图 2-55b 所示,则通过第一节点 N 的光线已由 AN 换成了另一条光线 $A'N$,与 $A'N$ 相应的出射光线为 $N'Q$,这由节点性质所决定,$N'Q$ 必然通过第二节点 N',并平行于原入射光线。$N'Q$ 空间位置不随系统转动而变化,Q 点无横向移动,仅稍变模糊。若透镜组旋转轴不通过 N' 点时,则 N' 必将随透镜组的旋转而产生移动,像点在屏上出现明显的横向移动。

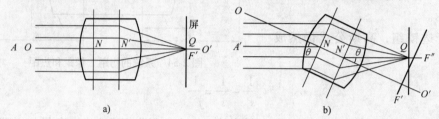

图 2-55　用测节器测量节点的原理图

三、实验仪器

光具座,测节器,薄透镜(几片),物屏,白屏,光源,准直透镜(焦距大一些),平面反射镜。

测节器是一个可绕铅直轴 OO' 转动的水平滑轨,滑轨上有两个位置可调节的透镜支架,如图 2-56 所示。待测基点的透镜组由这两个透镜支架上的透镜组成,二者间距 d 在一定范围连续可调。当 d 确定后可以整体在滑轨上移动,并由滑轨旁的

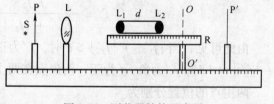

图 2-56　测节器结构示意图

刻度尺指示透镜组所在位置。测量时轻轻地转动滑轨,观察白屏 P′ 上的像是否有横向移动来判断透镜组第二节点 N' 是否位于 OO' 轴上。如果 N' 没在 OO' 轴上就调整透镜组(d 不变)在滑轨上的位置,直至 N' 在 OO' 轴上,则从轴的位置可求出 N' 相对透镜组的位置。

四、实验内容与要求

(1)测量透镜 L_1 和 L_2 的焦距 f_1' 和 f_2',由 L_1 和 L_2 组成待测透镜组。

(2)将 L_1 和 L_2 按 $d < f_1' + f_2'$ 组合成透镜组置于测节器滑轨上(可取 $d = 3.00\text{cm}$)。

(3)按图 2-56 所示,将光源 S、物屏 P、准直物镜 L、调节器 R 及白屏 P′ 置于光具座上,调节共轴。

(4)用自准直方法调节物屏 P 位于准直物镜 L 的物方焦平面上,以获得平行光,调好

后 P 和 L 的位置均不要移动。

（5）由光源 S、物屏 P 和准直物镜 L 获得的平行光（也可用平行光管的平行光）入射待测透镜组，移动像屏 P′得到清晰的像，轻轻少许转动滑轨，从像的移动判断 $N′$ 的位置，逐渐移动透镜组的位置，直至无论怎样少许转动滑轨，像无横向移动为止，此时转轴 $OO′$ 的位置即为第二节点 $N′$ 的位置，记下 $N′$ 的位置。记录方法是在方格坐标纸上画出整个系统，并以 1∶1 的比例尺画上 L_1，L_2，$N′$ 及 $F′$ 的位置。将透镜组旋转 180°，这时入射光从 L_2 向透镜组入射，用同样方法寻找透镜组的第一节点 N 和第一主焦点 F 的位置，将方格纸倒转 180°，记下 N 和 F 的位置。

（6）根据图中记录的各量的位置，计算出透镜组的第一焦距 f 和第二焦距 $f′$，以及 L_1 到第一主平面的距离 x_H 和 L_2 到第二主平面的距离 $x_H′$。

（7）将 $f_1′$，$f_2′$，d 的数值代入式（2-79）～式（2-81）中，计算出透镜组的 $f′$，f，x_H 及 x_H 的值，与实际测量值进行比较。

（8）对于 $d > (f_1′ + f_2′)$ 的透镜组，焦点可能在透镜组内部，无法用像屏接收像点。若仍用测节器来测量透镜组的基点，试设计出实验方案。

五、思考题

1. 当 $N′$ 恰为转轴时，屏上的像点为什么会随滑轨的微小转动而变模糊？

2. 当回转轴未通过透镜组的第二节点 $N′$ 时，像点随滑轨的微小转动会发生横向移动，你能根据像的移动方向来判断 $N′$ 在回转轴 $OO′$ 的哪个方位吗？为什么？

3. 能否用简单方法确定薄凸透镜的主点恰在光心？

4. 还有其他方法测量透镜组基点吗？

（朱世坤）

实验二十二 非线性元件的伏安特性的测定

非线性伏安特性所反映出来的规律总是与一定的物理过程相联系的。利用非线性电阻元件的特性可以研制各种新型的传感器、换能器，在温度、压力、光强等物理量的检测和自动控制方面都有广泛的应用。对非线性电阻特性及规律的研究，有助于加深对有关物理过程、物理规律及其应用的理解和认识。

一、实验目的

（1）学会识别常用电路元件的方法。
（2）掌握非线性电阻元件伏安特性的逐点测试法。
（3）掌握实验台上直流电工仪表和设备的使用方法。

二、实验原理

任何一个二端元件的特性可用该元件上的端电压 U 与通过该元件的电流 I 之间的函数

关系 $I = f(U)$ 来表示，即用 I-U 平面上的一条曲线来表征，这条曲线称为该元件的**伏安特性曲线**，如图 2-57 所示。若元件的伏安特性曲线呈直线，称为线性电阻元件；若呈曲线，称为非线性电阻元件。

1. 常见元件的伏安特性曲线

（1）线性电阻元件的伏安特性曲线是一条通过坐标原点的直线，如图 2-57 中曲线 a 所示，该直线的斜率等于该线性电阻元件的电阻值。

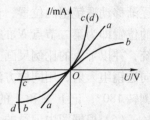

图 2-57 电阻元件的伏安特性曲线

（2）一般的白炽灯在工作时灯丝处于高温状态，其灯丝电阻随着温度的升高而增大，通过白炽灯的电流越大，其温度越高，阻值也越大，一般灯泡的"冷电阻"与"热电阻"的阻值可相差几倍至十几倍，所以它的伏安特性如图 2-57 中曲线 b 所示。

（3）一般的半导体二极管是一个非线性电阻元件，其特性如图 2-57 中曲线 c 所示。正向压降很小（一般的锗管约为 $0.2 \sim 0.3\mathrm{V}$，硅管约为 $0.5 \sim 0.7\mathrm{V}$），正向电流随正向压降的升高而急骤上升，而反向电压从零一直增加到十多至几十伏时，其反向电流增加很小，粗略地可视为零。可见，二极管具有单向导电性，但反向电压加得过高，超过管子的极限值，则会导致管子击穿损坏。

（4）稳压二极管是一种特殊的半导体二极管，其正向特性与普通二极管类似，但其反向特性较特别，如图 2-57 中曲线 d 所示。在反向电压开始增加时，其反向电流几乎为零，但当电压增加到某一数值时（称为管子的稳压值，有各种不同稳压值的稳压管）电流将突然增加，以后它的端电压将维持恒定，不再随外加的反向电压升高而增大。

2. 动态电阻

非线性电阻元件伏安特性曲线上某点切线的斜率，称为此电阻元件在该点（工作状态下）的**动态电阻**，记作

$$R' = \lim \frac{\Delta U_{\mathrm{R}}}{\Delta I_{\mathrm{R}}} = \frac{\mathrm{d}U_{\mathrm{R}}}{\mathrm{d}I_{\mathrm{R}}}$$

显然，线性电阻的动态电阻是常数，其值与按欧姆定律定义的直流电阻相等；而非线性电阻的动态电阻与直流电阻是不同的，非线性电阻的动态电阻是变量，是状态的函数。非线性电阻元件的动态电阻与功率的关系是它的一个重要性质。

三、实验仪器

各种非线性电阻元件（照明电珠、整流二极管、稳压二极管、发光二极管、光电二极管、热敏电阻、硅光电池、低压氖泡等），电流表，电压表，稳压电源，变阻器，标准电阻，示波器，晶体管特性仪等（供选用）。

四、实验内容与要求

（1）针对各种非线性电阻元件的特性，任选两种以上的非线性电阻元件，选择一定的实验方法，设计合适的测试电路，选择配套的实验器材，分别测出它们的伏安特性曲线、

动态阻值，研究它们随电流等状态、环境参量变化的关系。

（2）在粗测的基础上，根据元件特性，选择适当的实验测试电路，确定测量仪表的量程、等级，尽量减小测量不确定度。对同一元件选用两种不同的仪器和方法进行测量，比较分析它们对元件特性测量的影响。

（3）根据实验现象和结果，比较各种非线性电阻元件的伏安特性，并从理论上进行分析讨论。

（4）报告要求：①写明准备进行哪些项目的实验研究；②写明所选用的实验方法、测量电路、仪器规格和具体实验程序；③对实验过程进行总结分析。

注意：进行不同实验时，应先估算电压和电流值，合理选择仪表的量程，勿使仪表超量程，仪表的极性亦不可接错。

五、思考题

1. 线性电阻与非线性电阻的概念是什么？电阻器与二极管的伏安特性有何区别？

2. 设某器件伏安特性曲线的函数式为 $I = f(U)$，试问在逐点绘制曲线时，其坐标变量应如何设置？

3. 稳压二极管与普通二极管有何区别，其用途如何？

4. 如果某器件的伏安特性含有明显不同的正向和反向特性，这说明了什么？

（杨先卫）

第三章　物理与技术结合

物理实验的严谨性和工程技术的灵活性的有机结合，有利于复合型人才的培养。本章尝试将物理基本原理与先进技术相结合，为学生设置一定数量的实验项目，以达到丰富学生的思想、开阔学生的眼界、锻炼学生的能力的目的。

本章共有实验项目 10 个，主要是将光纤传输技术、计算机技术、传感技术等与物理基本原理相结合，丰富和拓展实验内容，使学生充分认识到物理学是一切科学技术的基础，只有认真地学好物理理论，自觉地做好物理实验，才能为将来从事科学技术工作奠定扎实的理论和技术基础，为我国科学技术的发展做贡献。

科学技术的发展会推动人类社会的进步，提高人们的生活质量，并为基础理论的研究提供高科技手段，从而推动和加速基础理论的研究。二者相辅相成，相互促进。每位学生都应该认真学好这部分的实验内容，提高自己的知识水平和动手能力。

实验二十三　霍尔效应及其应用

霍尔效应是测定半导体材料电学参数的主要手段，利用该效应制成的霍尔器件已广泛用于非电量电测、自动控制和信息处理等方面。在工业生产要求自动检测和控制的今天，作为敏感元件之一的霍尔器件，将有更广阔的应用前景。了解这个富有实用性的实验，对日后的工作将有益处。

一、实验目的

（1）了解霍尔效应实验原理及有关霍尔元件对材料要求的知识。

（2）学习用"抵消法"消除副效应影响，测量试样的 U_H-I_S 和 U_H-I_M 曲线。

（3）计算元件的霍尔系数并确定样品的导电类型。

二、实验原理

1. 霍尔效应

霍尔效应从本质上讲是运动的带电粒子在磁场中受洛伦兹力的作用而引起的偏转。当带电粒子(电子或空穴)被约束在固体材料中，这种偏转就导致在垂直电流和磁场的方向上产生正负电荷的积累，从而形成附加的横向电场。

对于图 3-1 所示的半导体样品，若在与磁场 B 垂直的方向通以电流 I_S，则在样品 A 和 A′电极两侧就开始积聚异号电荷而产生相应的附加电场 E_H。电场的指向取决于样品的导电类型。显然该电场的作用是阻止载流子继续向侧面偏移，当载流子所受的横向电场力

eE_H 与洛伦兹力 evB 相等时,样品两侧电荷的积累就达到平衡,故有

$$eE_H = evB \qquad (3-1)$$

式中,E_H 为霍尔电场;v 是载流子在电流方向上的平均漂移速度。

如图 3-1 所示,设样品的宽为 b,厚度为 d,载流子浓度为 n,则

$$I_S = nevbd \qquad (3-2)$$

由式(3-1)和式(3-2)可得

$$U_H = E_H b = \frac{I_S B}{ned} = \frac{R_H I_S B}{d} = K_H I_S B \qquad (3-3)$$

$$R_H = \frac{U_H d}{I_S B} \qquad (3-4)$$

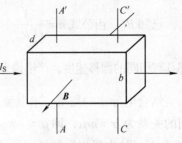

图 3-1 半导体样品

即霍尔电压 U_H(A 和 A' 电极之间的电压)与 $I_S B$ 乘积成正比,与样品厚度 d 成反比。比例系数 $R_H = \dfrac{1}{ne}$ 称为霍尔系数;$K_H = \dfrac{1}{ned}$ 称为霍尔灵敏度,它是反映材料霍尔效应强弱的重要参数,通常由霍尔片材料的性质和尺寸决定。只要测出 U_H 以及知道 I_S,B 和 d,就可按式(3-4)计算 R_H。

2. 实验中产生的副效应及消除方法

在产生霍尔效应的同时,因伴随着各种副效应,所以实验测得的 U_H 并不等于真实的霍尔电压值,而是包含着各种副效应所引起的虚假电压,如图 3-2 所示的不等势电压降 U_0,这是由于在制造霍尔元件时,由于工艺上的原因,A 和 A' 不可能做到完全对称,那么这两个点对于电流的流动方向来说就不是在同一个等势面上。因此当有电流通过时,即使不加磁场也会产生附加电压 $U_0 = I_S r$,其中 r 为 A 和 A' 所在的两个等势面之间的电阻。U_0 的符号只与电流

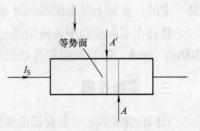

图 3-2 不等势电压

I_S 的方向有关,与磁场 B 的方向无关,因此可以通过改变 I_S 的方向消除 U_0。

除 U_0 外还存在由热效应和热磁效应所引起的各种副效应(埃廷斯豪森效应、里吉-勒迪克效应及能斯特效应等),不过这些副效应除个别外,均可通过抵消法,即改变 I_S 和磁场 B 的方向加以消除。具体地,在规定了电流和磁场正、反方向后,分别测量由下列 4 组不同方向的 I_S 和 B 组合的 $U_{AA'}$(A 和 A' 两点的电位差),即

$$+B \quad +I_S \quad U_{AA'} = U_1$$
$$-B \quad +I_S \quad U_{AA'} = -U_2$$
$$-B \quad -I_S \quad U_{AA'} = U_3$$
$$+B \quad -I_S \quad U_{AA'} = -U_4$$

然后求出 U_1,U_2,U_3,U_4 的代数平均值,得

$$U_H = \frac{U_1 - U_2 + U_3 - U_4}{4}$$

通过上述的测量方法，虽然还不能消除所有的副效应，但其引入的误差不大，可以忽略不计。

3. 根据 R_H 可进一步确定以下参数

已知 R_H，由公式 $n = \dfrac{1}{e \mid R_H \mid}$ 可求载流子浓度 n。应该指出，这个关系式是假定所有载流子都具有相同的漂移速度，严格说来，考虑载流子的速度统计分布，需引入 $\dfrac{3\pi}{8}$ 的修正因子。

结合电导率的测量，求载流子的迁移率 μ。电导率 σ 与载流子浓度 n 以及迁移率 μ 之间的关系为 $\sigma = ne\mu$，即 $\mu = \mid R_H \mid \sigma$，测出 σ 值即可求 μ。又 σ 可以通过图 3-1 所示的 A，C（或 A'，C'）电极进行测量。设 A，C 间的距离为 l，样品的横截面积 $S = bd$，流经样品的电流为 I_S，在零磁场下若测得 A，C 间的电位差为 U_σ（即 U_{AC}），可由 $\sigma = \dfrac{I_S l}{U_\sigma S}$ 式求得 σ。

根据上述可知，要得到大的霍尔电压，关键是选择霍尔系数大（即迁移率高、电阻率 ρ 亦高）的材料。因 $\mid R_H \mid = \mu\rho$，就金属导体而言，μ 和 ρ 均很低；而不良导体的 ρ 虽高，但 μ 极小。因而这两种材料的霍尔系数都很小，不能用于制造霍尔器件。半导体的 μ 高，ρ 适中，是制造霍尔元件较理想的材料。由于电子的迁移率比空穴迁移率大，所以霍尔元件多采用 N 型半导体材料。另外，由霍尔灵敏度 K_H 的定义式可知霍尔电压与材料的厚度成反比，因此薄膜型的霍尔元件的输出电压胶片状的要高得多。就霍尔器件而言，其厚度是一定的，实际上常采用霍尔灵敏度来表示器件的灵敏度。

目前在实际应用中多采用高迁移率的锑化铟材料薄膜型霍尔器件，其 K_H 高达 200 ~ 300mV/（mA·T），而通常片状的硅霍尔器件的 K_H 仅为 2mV/（mA·T）。

三、实验仪器

TH-H 型霍尔效应实验仪由实验仪和测试仪两大部分组成。

1. 实验仪

TH-H 型霍尔效应实验仪如图 3-3 所示。

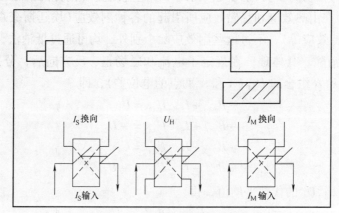

图 3-3　TH-H 型霍尔效应实验仪

（1）电磁铁。磁铁线包的引线有星标者为头，线包绕向为顺时针（操作者面对实验仪），根据线包绕向及励磁电流 I_M 流向，可确定磁感应强度 **B** 的方向，而 **B** 的大小和 I_M 的关系标明在线包上。

（2）样品和样品架。样品材料为半导体硅单晶片，共有三对电极，其中 A, A' 或 C, C' 用于测量霍尔电压，A, C 或 A, C' 用于测量电导，D, E 为样品工作电流电极，且 $d = 0.50mm, b = 4.0mm, l = 3.0mm$。各电极与双刀转换开关的接线见实验仪上的图示说明。

样品架具有 X, Y 调节功能及读数装置，样品放置的方位如图 3-4（操作者面对实验仪）所示，霍尔片已调置至电磁铁中心。霍尔片性脆易碎，电极细小易断，勿撞击或用手触摸。切勿随意改变 Y 轴方向的高度，以免霍尔片与磁极面摩擦而受损。

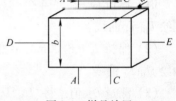

图 3-4　样品放置的方位图

（3）I_S, I_M 换向开关及 U_H, U_σ 切换开关。I_S 及 I_M 换向投向上方，则 I_S 及 I_M 均为正值；反之为负值。"U_H, U_σ"切换开关投向上方测 U_H，投向下方测 U_σ。

（4）样品各电极及线包引线与对应的双刀换接开关之间的连线要求。严格按照实验仪上的图示说明连线，绝不允许接错；否则，一旦通电，霍尔样品即遭损坏。

2. 测试仪

TH-H 型霍尔效应测试仪如图 3-5 所示。

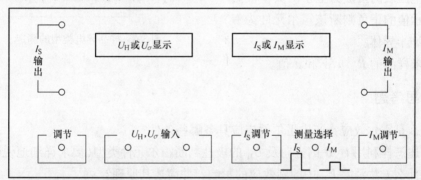

图 3-5　TH-H 型霍尔效应测试仪

（1）两组恒流源。恒流源是一种能在输入电压和负载阻抗变化的情况下，保持直流输出电流不变的电源装置，故又称为"稳流电源"或"稳流器"。

"I_S 输出"为 $0 \sim 10mA$ 样品工作电流源，"I_M 输出"为 $0 \sim 1A$ 励磁电流源，两组电源独立；"I_S 调节"和"I_M 调节"分别用来控制样品工作电流和励磁电流的大小，调节精度分别可达 $10\mu A$ 和 $1mA$，其值均连续可调。可通过"测量选择"按键由同一支数字电流表分别测量 I_M 和 I_S，按键测 I_M，放键测 I_S。

（2）直流数字电压表。U_H 和 U_σ 可通过切换开关由同一支数字电压表测量。电压零位可通过调零电位器调整，当显示器的数字前出现"－"时，表示被测电压极性为负值。该电压表的量程为 $\pm 20mV$，当"U_H, U_σ 输入"开路或输入电压大于 $19.99mV$ 时，则电压表出现溢出现象。

（3）开机和关机。开机前应将 I_S,I_M 调节旋钮逆时针旋到底，使其输出电流趋于最小状态，然后开机。关机前，应将"I_S 调节"和"I_M 调节"旋钮逆时针旋到底，然后切断电源。仪器接通电源后，预热数分钟后即可进行实验。

四、实验内容与要求

（1）保持 $I_M = 0.60A$ 不变，$I_S = 1.00mA,1.50mA,2.00mA,2.50mA,3.00mA,4.00mA$，测绘 U_H-I_S 曲线。

（2）保持 $I_S = 3.00mA$ 不变，$I_M = 0.300A,0.400A,0.500A,0.600A,0.700A,0.800A$，测绘 U_H-I_M 曲线。

（3）测量 U_σ 值。将"U_H,U_σ"切换开关投向 U_σ 侧，"功能切换"置 U_σ，在零磁场下，取 $I_S = 2.00mA$，测量 U_σ。

注意：I_S 取值不要过大，以免 U_σ 太大，毫伏表超量程（此时首位数码显示为 1，后三位数码熄灭）。

（4）确定样品的导电类型。

提示：当 I_S 和 I_M 开关打向上方时，霍尔片上的工作电流和磁场方向如图 3-6 所示，且电压表的接法为上正下负，根据电压表显示值的正负判断该霍尔元件为 N 型还是 P 型半导体。

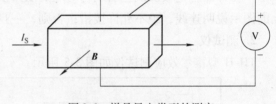

图 3-6　样品导电类型的测定

（5）求样品的 R_H,n,σ 和 μ 值。

五、思考题

1. 什么是霍尔效应？产生霍尔效应应具备哪些条件？
2. 简述怎样利用 $I_S,\boldsymbol{B}$ 的方向及 U_H 的极性判断霍尔元件类型（要求详细地说明理由）？
3. 用什么方法消除 U_H 中的副效应的影响？并简述其原理？
4. 若磁场 $\boldsymbol{B}$ 不恰好与霍尔片的法线方向一致，对测量结果有何影响？
5. 能否用霍尔元件测量交变磁场？若能，怎样测量？

（杨先卫）

实验二十四　直流非平衡电桥电压输出特性的研究

电桥是一种重要的信息转换和测量电路，在测控技术中具有广泛的应用。根据激励电源性质的不同，电桥可分为直流电桥和交流电桥；根据电桥工作时是否平衡来区分，可分为平衡电桥和非平衡电桥。平衡电桥适合于测量稳定物理量的信息，而非平衡电桥可用于测量随时间变化物理量的信息。非平衡电桥在工作时有几种不同的信号输入方式，相应的输出特性也不一样。弄清楚它们之间的关系，对正确运用非平衡电桥具有重要的指导意义。本实验仅研究直流非平衡电桥在不同输入模式下的输出特性。

一、实验目的

（1）掌握非平衡电桥的工作原理，了解其在不同输入模式下的输出特性。

（2）学会利用非平衡电桥和适当的传感器来测量随时间变化的物理量。

二、实验原理

直流非平衡电桥是惠斯顿电桥（单臂电桥）在非平衡状态下的一种工程应用。当外界温度、压力等物理量发生变化时，相应的电阻性传感器的阻值也发生变化，于是电桥从平衡状态（预调平衡）变成不平衡状态，检流计测量的电压变化（或电流变化）表征电阻性传感器电阻值的变化，从而间接测量出相应物理量的变化。

惠斯顿电桥的结构如图 3-7 所示，U_E 为直流电压源的电压，U_0 表示 B, D 两点间的电位差。由电路分析知

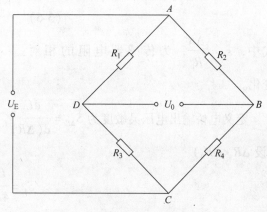

图 3-7 直流电桥

$$U_{BC} = \frac{R_4}{R_2 + R_4} U_E \qquad U_{DC} = \frac{R_3}{R_1 + R_3} U_E$$

于是

$$U_0 = U_{BD} = U_{BC} - U_{DC} = \left(\frac{R_4}{R_2 + R_4} - \frac{R_3}{R_1 + R_3} \right) U_E = \frac{R_1 R_4 - R_2 R_3}{(R_2 + R_4)(R_1 + R_3)} U_E \qquad (3\text{-}5)$$

由式（3-5）知，当 $R_1 R_4 = R_2 R_3$ 时，$U_0 = 0$，此时电桥达到平衡态；$U_0 \neq 0$ 时，即为电桥的非平衡态。

电桥平衡后，任一桥臂电阻发生变化都将引起桥路不平衡而产生输出电压 U_0，此输出电压 U_0 与引起它变化的桥臂电阻间满足一定的关系，下面就来分析它们之间的这种关系。

直流非平衡电桥中，根据其预平衡时各比率臂电阻的取值比例和形式不同，分为等臂电桥、卧式电桥、立式电桥和比例电桥等几种，这里只讨论等臂电桥的情况（预平衡状态下，$R_1 = R_2 = R_3 = R_4 = R_0$ 的电桥即为等臂电桥）；根据电阻变化值接入电桥的方法不同，分为单臂输入、双臂输入和四臂（全桥）输入等几种情况。下面就分别讨论这几种输入情况下等臂电桥的输出特性。

1. 单臂输入时电桥电压的输出特性

设将图 3-7 中的 R_4 换成电阻型传感器，且在电桥预平衡状态时，传感器的电阻为 R_0。

若因某种物理量的变化，使传感器电阻值发生 ΔR 的改变，如图 3-8 所示，根据式 (3-5)，此时输出电压可表示为

$$U_0 = \frac{R_1 R_4 - R_2 R_3}{(R_2 + R_4)(R_1 + R_3)} U_E$$

考虑到是等臂电桥，且预平衡时 $R_1 = R_2 = R_3 = R_0$，于是上式变为

$$U_0 = \frac{R_0(R_0 + \Delta R) - R_0 R_0}{(R_0 + R_0 + \Delta R)(R_0 + R_0)} U_E$$

$$= \frac{\Delta R}{4R_0 + 2\Delta R} U_E = \frac{\varepsilon}{4 + 2\varepsilon} U_E$$

$$\tag{3-6}$$

式中，$\varepsilon = \dfrac{\Delta R}{R_0}$，为传感器电阻的相对变化。

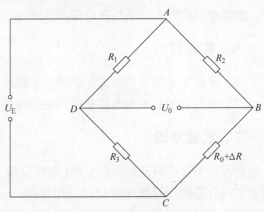

图 3-8　单臂输入电桥

定义电桥输出电压灵敏度为 $S_{\Delta R} = \dfrac{\mathrm{d}U_0}{\mathrm{d}(\Delta R)}$，则在单臂输入时，电桥输出电压灵敏度为（设 $\Delta R \ll R_0$）

$$S_1 = \frac{U_E}{4R_0} \tag{3-7}$$

由式 (3-6) 可见，桥路的输出电压 U_0 与 ε（或 ΔR）不呈线性关系，且 U_0 与 U_E 成正比。

2. 双臂输入时电桥的电压输出特性

在图 3-7 中，若将传感器输出相等但符号相反的两个电阻变化量 ΔR 分别输入电桥的相邻两臂，这称为电桥的差模输入。如图 3-9 所示，这时 R_2，R_4 的阻值分别为

$$R_2 = R_0 - \Delta R, \qquad R_4 = R_0 + \Delta R$$

于是由 (3-5) 式，有

$$U_0 = \frac{R_0(R_0 + \Delta R) - (R_0 - \Delta R_0)R_0}{[(R_0 - \Delta R) + (R_0 + \Delta R)](R_0 + R_0)} U_E$$

$$= \frac{2R_0 \cdot \Delta R}{4R_0^2} U_E = \frac{\Delta R}{2R_0} U_E = \frac{1}{2}\varepsilon U_E \tag{3-8}$$

此时，电桥的灵敏度为

$$S_2 = \frac{U_E}{2R_0} \tag{3-9}$$

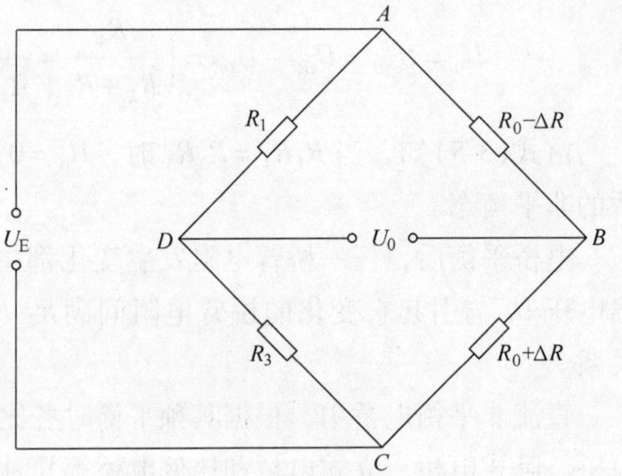

由式 (3-8) 和式 (3-9) 可见，此时电桥

图 3-9　双臂输入电桥

的输出电压 U_0 与 ε 呈线性关系，且电桥的输出灵敏度比单臂输入时提高一倍。

3. 四臂输入时电桥的电压输出特性

将图 3-7 中的四个臂电阻均换成可变电阻，并采用将两个变化量符号相反的可变电阻接入相邻桥臂（差模输入），而将两个大小相等、变化量符号相同的可变电阻接入相对两臂（共模输入），如图 3-10 所示。

此时，同样可由（3-5）式求出输出与输入的关系如下：

$$U_0 = \frac{R_1 R_4 - R_2 R_3}{(R_2 + R_4)(R_1 + R_3)} U_E$$

$$= \frac{(R_0 + \Delta R)(R_0 + \Delta R) - (R_0 - \Delta R)(R_0 - \Delta R)}{[(R_0 - \Delta R) + (R_0 + \Delta R)][(R_0 + \Delta R) + (R_0 - \Delta R)]} U_E$$

$$= \frac{\Delta R}{R_0} U_E = \varepsilon U_E \tag{3-10}$$

此时，电桥的电压输出灵敏度为

$$S_3 = \frac{U_E}{R_0} \tag{3-11}$$

由式（3-10）和式（3-11）可见，全桥输入时，桥路输出灵敏度等于双臂输入时的 2 倍，同时，输出电压 U_0 与 ε 也呈线性关系。

作为非平衡电桥应用的一个例子，可以利用热敏电阻的阻值随温度变化的特性来设计制作一热敏电阻温度计。

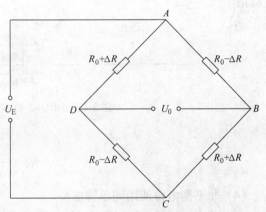

图 3-10　四臂输入电桥

三、实验仪器

DHQJ-5 型教学用多功能电桥，电阻箱一只。

DHQJ-5 型教学用多功能电桥电路原理如图 3-11 所示。

仪器的使用方法介绍如下：

（1）打开后板交流电源开关，面板电源指示灯亮，预热 15min 后，抬起电压表"接入"开关，调节调零旋钮，调零。抬起电流表"接入"开关，电流表指零。

（2）惠斯顿电桥使用。"R_N"开关置单桥，电源电压选择开关指向所需电压，功能开关置单桥，"接入"电压表作指零仪，在"R_X"端上接入待测电阻，调节 R_1, R_2, R_3 各盘，使电桥平衡，即

$$R_X = \frac{R_2 R_3}{R_1}$$

（3）开尔文电桥（双臂电桥）使用。"R_N"置所需标准电阻挡，电源选择 1.5V，功能开关置双桥，"接入"电压表作指零仪，R_X 按四端法接入 C_1, P_1, P_2, C_2，调节 $R_1, R_2 (R_1 = R_2)$ 和 R_3，使电桥平衡，即

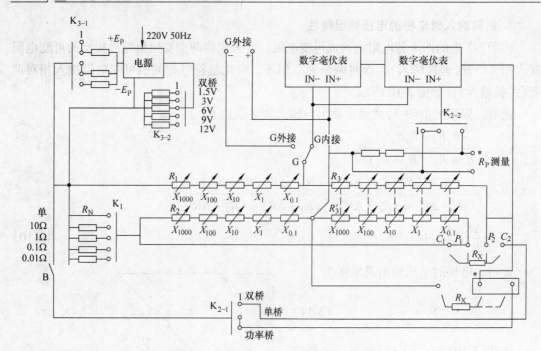

图 3-11　DHQJ-5 型多功能电桥电原理图

$$R_X = \frac{R_3 R_N}{R_1}$$

（4）非平衡电桥使用同单臂电桥。

（5）功率电桥使用。功能开关置功桥，其他开关使用同惠斯顿电桥，测量好 R_P 值，同时"接入"电压表和电流表，测量 R_P 上的电压值和电流值。

四、实验内容与要求

（1）测定单臂输入时电桥的电压输出特性。按照图 3-8 的原理进行实验操作。在仪器的" R_X "端子上接一电阻箱，电桥的使用方法按惠斯顿电桥的操作方法进行，电源电压取 $U_E = 1.5V$，预平衡时各桥臂电阻取为 $R_1 = R_2 = R_3 = R_4 = 500.0\Omega$。这时电桥应处于平衡态，但由于电阻箱阻值有误差，电桥这时可能不严格平衡，记下此时的输出电压 U_0' 作为初始读数。以后改变电阻后测得的输出电压值 U_1 都应减去该零点读数，也就是测量结果为 $U_0 = U_1 - U_0'$。以后改变 R_X 上电阻箱的阻值，每次增大 5.0Ω 直至 550.0Ω，同时记录电压表显示值 U_1。

注意：测量时严禁微安表接入。

（2）测定双臂输入时电桥的电压输出特性。按照图 3-9 的双臂输入的原理图仿上进行实验操作，只是此时在改变 R_X 阻值的同时，应使 R_2 向反方向作等值的变化，直至 R_X $= 550.0\Omega$。

（3）测定四臂输入时电桥的电压输出特性。按照图 3-10 的原理图依照单臂输入时的操作方法进行，只是此时应使 R_1 和 R_X 每次增大 5.0Ω 的同时，使 R_2 和 R_3 向反方向减少

5.0Ω 以实现四臂输入，直至 $R_X = 550.0\Omega$ 为止，记下每次改变各阻值时电压表的读数 U_1。

（4）（选做）根据非平衡电桥的原理，设计一测温范围在 20～80℃范围内的热敏电阻温度计。

提示：先测出 20℃时热敏电阻的阻值 R_E，并以此电阻值作为等臂电桥的预平衡电阻 R_0。

在同一直角坐标纸上以 ΔR 为横坐标，U_0 为纵坐标，分别作出单臂输入、双臂输入、四臂输入时电桥的电压输出特性曲线。

用图解法分别求出每种情况下电桥的输出电压灵敏度，并与相应的理论计算结果进行比较。

分析比较各种不同输入模式的输出特性（线性度，灵敏度等）。

五、思考题

1. 等臂电桥的三种输入方式中，其输出特性各有什么特点？若要电桥的灵敏度高，有哪些方法可选择？

2. 证明：在电源电压一定的情况下，电桥比率 $K = \dfrac{R_1}{R_3}$ 等于 1 时，电桥的输出电压灵敏度 $S_{\Delta R}$ 最大（设 $\Delta R \ll R_4$）。

［提示：设电桥由平衡态变为不平衡时，只有 R_4 的阻值发生 ΔR 的变化］

（沈金洲）

实验二十五　铁磁材料的磁滞回线与基本磁化曲线

铁磁物质是一种性能特异、用途广泛的材料。铁、钴、镍及其众多合金以及含铁的氧化物（铁氧体）均属铁磁物质。铁磁材料的性能需通过相关曲线及有关参数进行了解，以便根据不同的需要合理地选取铁磁材料。本实验主要学习铁磁材料有关曲线的描绘方法及材料参数的测量方法。

一、实验目的

（1）认识铁磁物质的磁化规律，比较两种典型的铁磁物质的动态磁化特性。
（2）测定样品的基本磁化曲线，作 $\mu\text{-}H$ 曲线。
（3）测定样品的 H_c，B_r，H_m，B_m 和磁滞损耗 $(B \cdot H)$ 等参数。
（4）测绘样品的磁滞回线，估算磁损耗。

二、实验原理

铁磁材料在外磁化场作用下可被强烈磁化，故磁导率 μ 很高。另一特征是磁滞，就是磁化场作用停止后，铁磁物质仍保留磁化状态。用图形表示铁磁物质磁滞现象的曲线称为**磁滞回线**，它可以通过实验测得，如图 3-12 所示。

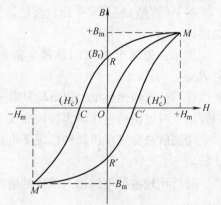

当磁化场 H 逐渐增加时，磁感应强度 B 将沿曲线 OM 增加，M 点对应坐标为 (H_m, B_m)，即当 H 增大到 H_m 时，B 达到饱和值 B_m。曲线 OM 称为起始磁化曲线。如果将磁化场 H 减小，B 并不沿原来的曲线原路返回，而是沿曲线 MR 下降，即使磁化场 H 减小到零时，B 仍保留一定的数值 B_r。曲线 OR 表示磁化场为零时的磁感应强度，称为剩余磁感应强度 B_r。当反向磁化场达到某一数值时，磁感应强度才降到零。强制磁感应强度 B 降为零的外加磁化场的大小 H_c，称为矫顽力。当反向继续增加磁化场，反向磁感应强度很快达到饱和 $M'(-H_m, -$

图 3-12　铁磁材料磁滞回线图

$B_m)$ 点，再逐渐减小反向磁化场时，磁感应强度又逐渐增大。图 3-12 还表明，当磁化场按 $H_m \to O \to H_c \to -H_m \to O \to H_c' \to H_m$ 次序变化时，相应的磁感应强度 B 则沿闭合曲线 $MRCM'R'C'M$ 变化，该闭合曲线称为**磁滞回线**。由于铁磁物质处在周期性交变磁场中，铁磁物质周期性地被磁化，相应的磁滞回线称为交流磁滞回线，它最能反映在交变磁场作用下样品内部的磁状态变化过程。磁滞回线所包围的面积表示在铁磁物质通过一磁化循环中所消耗的能量，叫做**磁滞损耗**，在交流电器中应尽量减小磁滞损耗。从铁磁物质的性质和使用方面来说，它主要按矫顽力的大小分为软磁材料和硬磁材料两大类。软磁材料矫顽力小，磁滞回线狭长，它所包围的"面积"小，在交变磁场中磁滞损耗小，因此适用于电子设备中的各种电感元件、变压器、镇流器中的铁心等。硬磁材料的特点是矫顽力大，剩磁 B_r 也大，这种材料的磁滞回线"肥胖"，磁滞特性非常显著，制成永久磁铁用于各种电表、扬声器中等。软磁与硬磁材料的磁滞回线如图 3-13 所示。

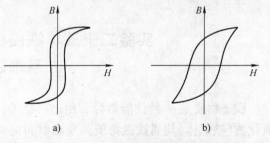

图 3-13　软、硬铁磁材料磁滞回线比较
a) 软磁材料磁滞回线　b) 硬磁材料的磁滞回线

应该说明，当初始状态为 $H = B = 0$ 的铁磁材料，在交变磁场强度由弱到强依次进行磁化时，可以得到面积由小到大向外扩张的一簇磁滞回线，如图 3-14 所示。这些磁滞回线顶点的连线称为铁磁材料的基本磁化曲线，由此可近似确定其磁导率 $\mu = \dfrac{B}{H}$。因为 B 与 H 的关系为非线性，故铁磁材料的 μ 不是常数而要随磁化场 H 而变化，如图 3-15 所示。铁磁材料的相对磁导率可高达数千乃至数万，这一特点是它用途广泛的主要原因之一。

观察和测量磁滞回线和基本磁化曲线的线路如图 3-16 所示。待测样品为 EI 型矽钢片，N 为励磁绕组，n 为用来测量磁感应强度 B 而设置的绕组，R_1 为励磁电流取样电阻。

设通过 N 的交流励磁电流为 i_1，根据安培环路定理，样品的磁化场强 $H = \dfrac{Ni_1}{L}$，L 为样品的平均磁路长度。

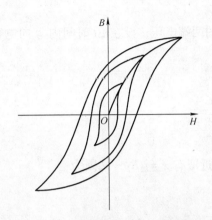

图 3-14 同一铁磁材料的一簇磁滞回线

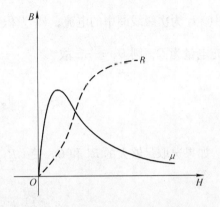

图 3-15 铁磁材料 μ 与 H 关系曲线

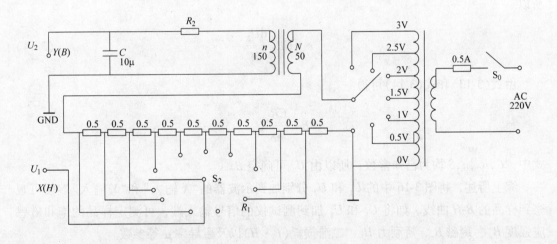

图 3-16 实验线路图

又因为 $i_1 = \dfrac{U_1}{R_1}$，所以

$$H = \frac{N}{LR_1}U_1 \tag{3-12}$$

式中，N, L, R_1 均为已知常数，所以由 U_1 可确定 H。

在交变磁场下，样品的磁感应强度瞬时值 B 可由测量绕组 n 和 R_2C 电路求出，根据法拉第电磁感应定律，由于样品中的磁通 Φ 的变化，在测量线圈中产生的感应电动势的大小为 $\varepsilon = n\dfrac{\mathrm{d}\Phi}{\mathrm{d}t}$，磁通量为 $\Phi = \dfrac{1}{n}\displaystyle\int \varepsilon\mathrm{d}t$，磁感应强度为

$$B = \frac{\Phi}{S} = \frac{1}{nS}\int \varepsilon \mathrm{d}t \tag{3-13}$$

式中，S 为样品的截面积。如果忽略自感电动势和电路损耗，则回路方程为

$$\varepsilon = i_2 R_2 + U_2$$

式中，i_2 为次级线圈中的电流；U_2 为积分电容 C 的两端电压，设在 Δt 时间内 i_2 向电容 C 的充电量为 Q，则 $U_2 = \frac{Q}{C}$，故

$$\varepsilon = i_2 R_2 + \frac{Q}{C}$$

如果选取足够大的 R_2 和 C，使 $i_2 R_2 \gg \frac{Q}{C}$，则近似有 $\varepsilon = i_2 R_2$，又因为

$$i_2 = \frac{\mathrm{d}Q}{\mathrm{d}t} = C \frac{\mathrm{d}U_2}{\mathrm{d}t}$$

所以

$$\varepsilon = CR_2 \frac{\mathrm{d}U_2}{\mathrm{d}t} \tag{3-14}$$

由式（3-13）和式（3-14）可得

$$B = \frac{CR_2}{nS} U_2$$

式中，C, R_2, n, S 均为已知常数，所以由 U_2 可确定 B。

综上所述，将图 3-16 中的 U_1 和 U_2 分别加到示波器的"X 输入"和"Y 输入"端便可观察到样品的 B-H 曲线。如将 U_1 和 U_2 加到测试仪的信号输入端，可测定样品的饱和磁感应强度 B_m、剩磁 B_r、矫顽力 H_c、磁滞损耗 $(B \cdot H)$ 以及磁导率 μ 等参数。

三、实验仪器

TH-MHC 型智能磁滞回线测试仪（具体使用说明见附录），双踪示波器。

四、实验内容与要求

（1）连接电路。选择样品 1 按实验仪上所给的电路图连接线路，并令 $R_1 = 2.5\,\Omega$，"U 选择"置于 0 位置。U_H 和 U_B（即 U_1 和 U_2）分别接示波器的"X 输入"和"Y 输入"，插孔"$\perp$"为公共端。

（2）样品退磁。开启实验仪电源，对试样进行退磁，即顺时针方向转动"U 选择"旋钮，令 U 从 0 增到 3V，然后逆时针方向转动旋钮，将 U 从最大值降为 0，其目的是消除剩磁，确保样品处于磁中性状态，即 $B = H = 0$。

（3）观察磁滞回线。开启示波器电源，令光点位于坐标原点$(0,0)$，令$U=2.2V$，并分别调节示波器X和Y轴的灵敏度，使显示屏上出现图形大小合适的磁滞回线。若图形顶部出现编织状的小环，这是因为U_2和B的相位差等因素引起的畸变，可降低励磁电压U予以消除小环。

（4）观察基本磁化曲线，按步骤（2）对样品进行退磁，从$U=0$开始，逐挡提高励磁电压，将在显示屏上得到面积由小到大一个套一个的一簇磁滞回线。这些磁滞回线顶点的连线就是样品的基本磁化曲线，借助长余辉示波器便可观察到该曲线的轨迹。

（5）观察和比较样品1和样品2的磁化性能。

（6）测绘$\mu\text{-}H$曲线。仔细阅读测试仪的使用说明，接通实验仪和测试仪之间的连线。开启电源，对样品进行退磁后，依次测定$U=0.5V,1.0V,1.2V,\cdots,3.0V$时10组$H_m$和$B_m$值，作$\mu\text{-}H$曲线。

（7）令$U=3.0V$，$R_1=2.5\Omega$，测定样品的B_m,B_r,H_c和磁滞损耗$(B\cdot H)$等参数。

（8）取步骤（7）中的H和其相应的B值，用坐标纸绘制$B\text{-}H$曲线（如何取数，取多少组数据，自行考虑），并估算曲线所围面积。

五、思考题

1. 如何利用测试仪比较样品1和样品2的磁化性能？

2. 将U_1接至示波器的X输入端，将U_2接至示波器的Y输入端，为什么能用电学量U来测量H和B？

3. 用本实验装置，如何测量交流基本磁化曲线？

4. 磁滞回线包围的面积大小有何意义？

5. 分别说明H_m,B_m,H_c,B_r的物理意义。

六、附录：TH-MHC 型智能磁滞回线测试仪使用说明

磁滞回线实验组合仪分为实验仪和测试仪两大部分。

1. 实验仪

配合示波器，即可观察铁磁性材料的基本磁化曲线和磁滞回线。

实验仪由励磁电源、试样、电路板以及实验接线图等部分组成。

（1）励磁电源。由220V,50Hz的市电经变压器隔离、降压后供试样磁化。电源输出电压共分11挡，即0V,0.5V,1.0V,1.2V,1.5V,1.8V,2.0V,2.2V,2.5V,2.8V和3.0V，各挡电压通过安置在电路板上的波段开关实现切换。

（2）试样。样品1和样品2为尺寸（平均磁路长度L和截面积S）相同而磁性不同的两只EI型铁芯，两者的励磁绕组匝数N和磁感应强度B的测量绕组匝数n亦相同，且$N=50$，$n=150$，$L=60mm$，$S=80mm^2$。

（3）电路板。该印刷电路板上装有电源开关、样品1和样品2、励磁电源"U选择"和测量励磁电流（即磁场强度H）的取样电阻"R_1选择"，以及为测量磁感应强度B所设定的积分电路元件R_2,C_2等。

以上各元器件(除电源开关)均已通过电路板与其对应的锁紧插孔连接，只需采用专用导线，便可实现电路连接。

此外，设有电压 U_B(正比于磁感应强度 B 的信号电压)和 U_H(正比于磁场强度 H 的信号电压)的输出插孔，用以连接示波器，观察磁滞回线波形和连接测试仪作定量测试用。

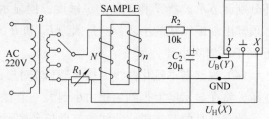

图 3-17　接线示意图

（4）实验接线示意图如图 3-17 所示。

2. 测试仪

图 3-18 所示为测试仪原理框图，测试仪与实验仪配合使用，能定量、快速测定铁磁性材料在反复磁化过程中的 H 和 B 的值，并能给出其剩磁、矫顽力、磁滞损耗等多种参数。

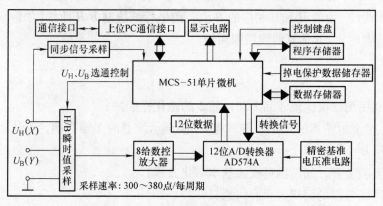

图 3-18　测试仪原理框图

测试仪面板如图 3-19 所示，下面对测试仪使用说明作介绍。

1）参数

L：待测样品平均磁路长度，L = 60mm。

S：待测样品横截面积，$S = 80\text{mm}^2$。

N：待测样品励磁绕组匝数，N = 50。

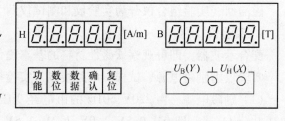

图 3-19　测试仪面板图

n：待测样品磁感应强度 B 的测量绕组匝数，n = 150。

R_1：励磁电流 i_H 取样电阻，阻值 $0.5 \sim 5\Omega$。

R_2：积分电阻，阻值 $10\text{k}\Omega$。

C_2：积分电容，容量 $20\mu\text{F}$。

U_{HC}：正比于 H 的有效值电压，供调试用。电压范围 $0 \sim 1\text{V}$。

U_{BC}：正比于 B 的有效值电压，供调试用。电压范围 $0 \sim 1\text{V}$。

2）瞬时值 H 与 B 的计算公式

$$H = \frac{NU_H}{LR_1}, \qquad B = \frac{U_B R_2 C_2}{nS}$$

3）测量准备

先在示波器上将磁滞回线显示出来，然后开启测试仪电源，再接通与实验仪之间的信号连线。

4）测试仪按键功能

（1）功能键：用于选取不同的功能，每按一次键，将在数码显示器上显示出相应的功能。

（2）确认键：当选定某一功能后，按一下此键，即可进入此功能的执行程序。

（3）数位键：在选定某一位数码管为数据输入位后，连续按动此键，使小数点右移至所选定的数据输入位处，此时小数点呈闪动状。

（4）数据键：连续按动此键，可在有小数点闪动的数码管输入相应的数字。

（5）复位键（RESET）：开机后，显示器将依次巡回显示 P…8…P…8… 的信号，表明测试系统已准备就绪。在测试过程中由于外来的干扰出现死机现象时，应按此键，使仪器进入或恢复正常工作。

5）测试仪操作步骤

（1）所测样品的 N 与 L 值。按复位键后，当 LED 显示 P…8…P…8… 时，按功能键，显示器将显示：

H	N.	0	0	5	0		B	L.	0	6	0.	0
		千匝	百匝	十匝	个匝				百(mm)	十(mm)	个(mm)	分(mm)

这里显示的 $N = 50$ 匝，$L = 60$mm 为仪器事先的设定值。

（2）所测样品的 n 与 S 值。按功能键，将显示：

H	n.	0	1	5	0		B	S.	0	8	0.	0
		千匝	百匝	十匝	个匝				百(mm)²	十(mm)²	个(mm)²	分(mm)²

这里显示的 $n = 150$ 匝，$S = 80$mm^2 为仪器事先的设定值。

（3）电阻 R_1 值和 H 与 B 值的倍数代号。按功能键，将显示：

H	r.	1.	2.	5	0		B	H.	3.	B.	3	
		1Ω	0.1Ω	0.01Ω					H 与 B 值的倍数代号			

这里显示的 $R_1 = 2.5\Omega$，H 与 B 值的倍数代号 3 为仪器事先的设定值。

注意：H 与 B 值的倍数是指其显示值需乘上的倍数。

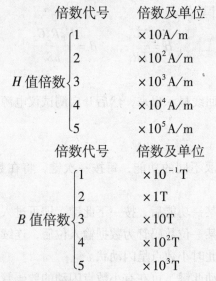

H 值倍数

倍数代号	倍数及单位
1	$\times 10 \text{A/m}$
2	$\times 10^2 \text{A/m}$
3	$\times 10^3 \text{A/m}$
4	$\times 10^4 \text{A/m}$
5	$\times 10^5 \text{A/m}$

B 值倍数

倍数代号	倍数及单位
1	$\times 10^{-1} \text{T}$
2	$\times 1 \text{T}$
3	$\times 10 \text{T}$
4	$\times 10^2 \text{T}$
5	$\times 10^3 \text{T}$

（4）电阻 R_2、电容 C_2 的值。按功能键，将显示：

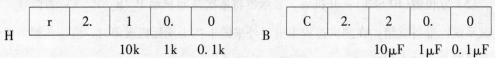

H | r | 2. | 1 | 0. | 0 |
      10k 1k 0.1k

B | C | 2. | 2 | 0. | 0 |
      10μF 1μF 0.1μF

这里显示的 $R_2 = 10\text{k}\Omega, C_2 = 20\mu\text{F}$ 为仪器事先的设定值。

注意：N，L，n，S，R_1，R_2，C_2，H 与 B 值的倍数代号等参数可根据不同要求进行改写，并可通过 SEEP 操作存入串行 EEROM 中，掉电后数据仍可保存。

（5）定标参数显示（仅作调试用）。按功能键，将显示：

H | | U. | H | C | |

B | | U. | B | C | |

按确认键，将显示 U_{HC} 和 U_{BC} 电压值。

注意：无输入信号时，禁止操作此功能键；显示值不能大于 1.0000，否则必须减小输入信号。

（6）显示每周期采样的总点数和测试信号的频率。按功能键，将显示：

H | | n. | | | |

B | | F. | | | |

按确认键，将显示出每周期采样的总点数 n 和测试信号的频率 f。

（7）数据采样。按功能键将显示：

H | | H. | | B. | |

B | t | e | s | t | |

按确认键后，仪器将按步骤（6）所确定的点数对磁滞回线进行自动采样，显示器显示如下：

H | · | · | · | · |

B | · | · | · | · |

若测试系统正常，稍等片刻后，显示器将显示"GOOD"，表明采样成功，即可进入下一步程序操作。如果显示器显示"*BAD*"，表明系统有误，查明原因并修复后，按"功能"键，程序将返回到数据采样状态，重新进行数据采样。

（8）显示磁滞回线采样点 H 与 B 的值。连续按两次功能键，将显示：

H	H.	S	H	O	W.

B	B.	S	H	O	W.

每按两次确认键，将显示曲线上一点的 H 与 B 的值（第一次显示采样点的序号，第二次显示出该点 H 和 B 之值）；采样总点数参照步骤（6），H 与 B 值的倍数参照步骤（3）。显示点的顺序是依磁滞回线的第 4，1，2 和 3 象限的顺序进行；否则，说明数据出错或采样信号出错。若在进行第（7）步骤中只按功能键而未按确认键（表明未完成数据采样就进入第（8）步骤），此时将显示"NO DATA"，表明系统或操作有误。

（9）显示磁滞回线的矫顽力 H_c 和剩磁 B_r。按功能键，将显示：

H		H	c.		

B			B	r.	

按确认键，将按步骤（3）所确定的倍数显示出 H_c 与 B_r 的值。

（10）显示样品的磁滞损耗。按功能键，将显示：

H			A.	=	

B			H.	B.	

按确认键，将按步骤（3）所确定的单位显示样品磁滞回线面积。磁滞损耗的计算公式为

$$W = \int_S H dB$$

单位为 $H \times B \times 10^3 \mathrm{J/m^3}$（单位参照步骤（3））。

（11）显示 H 与 B 的最大值 H_m 与 B_m。

H	Hm.				

B	Bm.				

按确认键，将按步骤（3）所确定的倍数显示出 H_m 与 B_m 之值。

（12）显示 H 与 B 的相位差。按功能键，将显示：

H		P	H	R.	

B					C

按确认键，若显示如下：

H		2	5.	5	0

B		H.	—	—	B.

则表示 H 与 B 的相位差是 $25.5°$，在相位上 U_H 超前 U_B。

（13）与 PC 联机测试操作。按功能键，将显示：

H		P.	C.	—	—

B		S	H	O	W.

（朱世坤）

实验二十六　观测光的旋光现象

线偏振光通过某些物质时振动面会发生旋转，利用物质的这一特性，可以采用适当的仪器（旋光仪）来测定有机物的浓度、比重、纯度等。因此，物质的旋光性在化学、生物、

食品、医学等行业应用较普遍。本实验仅利用圆盘旋光仪测糖溶液的旋光率和浓度，以加深对物质的旋光性的认识。

一、实验目的

（1）观察线偏振光通过旋光物质的旋光现象。
（2）了解旋光仪的结构原理。
（3）掌握用旋光仪测定旋光性溶液的旋光率和溶液浓度的方法。

二、实验原理

线偏振光通过某些物质后，振动面发生旋转的现象称为旋光现象。线偏振光垂直入射到光轴垂直于入射界面的石英晶体时，出射光的振动面会发生旋转；线偏振光通过某些溶液时（特别是含有不对称碳原子物质的溶液，如糖溶液等），也会发生旋光现象，且旋转的角度 φ 与光通过溶液的长度成正比，如图 3-20 所示。

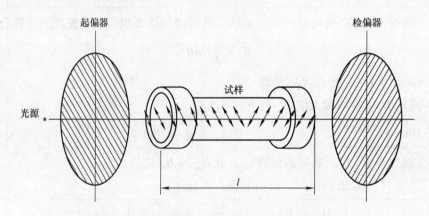

图 3-20　观察偏振光的振动面旋转的实验原理图

设线偏振光通过长度为 l、浓度为 C 的旋光性溶液，则其振动面旋转的角度

$$\varphi = \alpha C l \tag{3-15}$$

式中，α 称为该物质的**旋光率**，它在数值上等于偏振光通过单位长度（通常以 dm 为单位）、单位浓度（用 g/ml 表示）的溶液后引起的振动面旋转的角度；C 的单位为 g/ml；l 的单位为 dm。

实验表明，同一旋光物质对不同波长的光有不同的旋光率。在一定的温度下，它的旋光率与入射光波长 λ 的平方成反比，即随波长的减小而迅速增大，这个现象称为旋光色散。考虑到这一情况，通常都采用钠黄光的 D 线（$\lambda = 589.3\text{nm}$）来测旋光率。

由式（3-15）可看出，若将几种已知的不同浓度的旋光性物质的溶液分别装入确定长度 l 的几支玻璃管中，测出每种溶液的旋光度 φ，再采用作图法或线性拟合法即可求出该物质的旋光率 α。同样，若已知某种物质的旋光率，就可利用上式来测量溶液的浓度 C。

三、实验仪器

WXG 型圆盘旋光仪，其结构如图 3-21 所示。

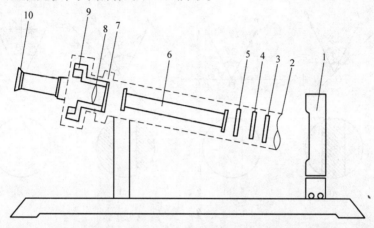

图 3-21　旋光仪结构图

1—光源　2—会聚透镜　3—滤色片　4—起偏镜　5—半荫片　6—测试管
7—检偏镜　8—望远镜物镜　9—刻度盘　10—望远镜目镜

根据实验原理可知，若在测量时先将旋光仪中的起偏镜(4)和检偏镜(7)的偏振轴调到相互正交，这时，在目镜(10)中看到的是最暗的视场。然后装上盛满待测溶液的测试管(6)，再转动检偏镜，使因振动面转动而变亮的视场重新达到最暗，此时检偏镜旋转的角度即为被测溶液的旋光度。

由于人的眼睛难以准确判断视场是否最暗，故多采用半荫法，用比较视场中相邻两光束的强度是否相同来测定旋光度，具体装置如图 3-22 所示。在起偏镜后再加一石英晶体片，此石英片和起偏镜的一部分在视场中重叠，将视场分为三部分。同时在石英片旁装上一定厚度的玻璃片，以补偿由于石英片产生的光强变化。取石英片的光轴平行于自身表面，并与起偏镜的偏振轴成一角度 θ(仅几度)。由光源发出的光经起偏镜后成为线偏振光，其中一部分光再经过石英片(其厚度恰使在石英片内分成的 o 光和 e 光的位相差为

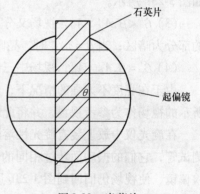

图 3-22　半荫片

π 的奇数倍，出射的合成光仍为线偏振光)，其振动面相对于入射光的偏振面转过了 2θ 角度。所以进入旋光物质的光是振动面间的夹角为 2θ 的两束线偏振光。

图 3-23 即为半荫视场的原理图，图中分别表示了两束线偏振光的振动面与检偏镜偏振轴之间取不同夹角时在视场中所观察到的情况。图中，OP 和 OA 分别表示起偏镜和检偏镜的偏振轴，OP' 表示透过石英片后的偏振光的振动方向，β,β' 分别表示 OP,OP' 与 OA 的夹角，A_p 和 A_p' 分别表示通过起偏镜和起偏镜加石英片的偏振光在检偏镜偏振轴方向的

分量。由图 3-23 可知，当转动检偏镜时，A_P 和 A_P' 的大小将发生变化，反映在从目镜中见到的视场将出现亮暗的交替变化（见图 3-23 下半部分）。图中列出了 4 种显著不同的情形。

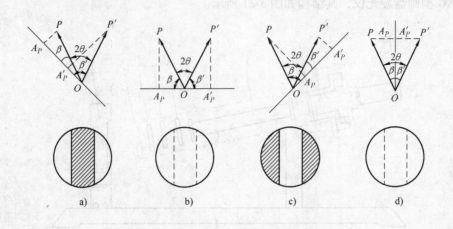

图 3-23 半荫视场原理图

（1）$\beta' > \beta, A_P > A_P'$，通过检偏镜观察时，与石英片对应的部分为暗区，与起偏镜对应的部分为亮区，视场被分为清晰的三部分。当 $\beta' = \dfrac{\pi}{2}$ 时，亮暗的反差最大，如图 3-23a 所示。

（2）$\beta' = \beta, A_P = A_P'$，通过检偏镜观察时，视场中三部分界线消失，亮度相等，较暗，如图 3-23b 所示。

（3）$\beta' < \beta, A_P' > A_P$，视场又分为三部分。与石英片对应的部分为亮区；与起偏镜对应的部分为暗区；当 $\beta = \pi/2$ 时，亮暗的反差最大，如图 3-23c 所示。

（4）$\beta' = \beta, A_P = A_P'$，视场中三部分界线消失，亮度相等，较亮，如图 3-23d 所示。

由于在亮度不太强的情况下，人眼辨别亮度微小差别的能力较大，所以常取图 3-23b 所示的视场作为参考视场，并将此时检偏镜的偏振轴所指的位置取作刻度盘的零点。

在旋光仪中放上装有旋光性溶液的测试管后，通过起偏镜和石英片的两偏振光均通过测试管，它们的振动面转过相同的角度 φ，并保持两振动面间的夹角 2θ 不变。如果转动检偏镜，使视场仍旧回到图 3-23b 所示的状态，则检偏镜转过的角度即为被测试溶液的旋光度。迎着射来的光线看去，若检偏镜向右（顺时针方向）转动，表示旋光性溶液的偏振面向右旋转，该溶液即为右旋溶液，例如蔗糖、葡萄糖的水溶液；反之，若检偏镜向左（逆时针方向）转动，则该溶液称为左旋溶液，例如果糖的水溶液。

四、实验内容与要求

1. 检验溶剂（如蒸馏水）的旋光性

（1）打开仪器电源，点燃钠光灯。

（2）调节旋光仪目镜，使能看清视场中三部分的分界线。

（3）转动检偏镜，观察视场明、暗变化的规律。检验仪器的零点，将视场调到三部分界线消失、亮度均匀且较暗的状态，如图 3-23b 所示。记下此时左、右游标的读数，重复测量 5 次，计算平均值并作为仪器的零点读数 θ_0。

（4）根据半荫法原理，测量通过起偏镜和石英片的两束线偏振光振动面间的夹角 2θ（视场分别变成图 3-23a、c 的状态，并且反差最大）。重复测量 5 次，计算出 2θ 的平均值。

（5）将装满溶剂（如蒸馏水）的试管放入旋光仪样品室内，检验溶剂是否有旋光性。

2. 测定旋光性溶液的旋光率及浓度

（1）分别将装在同一长度的试管内的几种已知不同浓度的待测溶液放入样品室，测出其旋光度 φ_i，各重复测量 5 次，取平均值。然后在坐标纸上作 φ-C 曲线，并由此计算出该物质的旋光率 α。

（2）测出待测溶液的旋光度 φ_x，记录装待测溶液的试管长度，再根据旋光曲线（φ-C 曲线）或该物质的旋光率 α 确定待测溶液的浓度。

（3）由于旋光率与所用光波的波长、环境温度等有关，因此实验中要注明这些参数。

五、注意事项

（1）溶液应尽量装满试管，拧紧端盖要适度，以不漏液为原则，避免用力过大而对测量结果产生影响。

（2）试管有圆泡的一端朝上放置，以便将气泡存入而不致影响观察和测定。

（3）试管和试管两端的残液要擦拭干净，才可装入样品室。

（4）双游标的读数及角度计算方法与分光计的类似。

六、思考题

1. 对波长 $\lambda = 589.3\text{nm}$ 的钠黄光，石英的折射率 $n_o = 1.5442, n_e = 1.5533$。如果要使垂直入射的线偏振光（设其振动方向与石英片光轴的夹角为 θ）通过石英片后变为振动方向转过 2θ 角的线偏振光，试问石英片的最小厚度应为多少？

2. 为什么说半荫法测定旋光度 φ 比单用两个尼科耳棱镜（或两块偏振片）时更方便、更准确？

3. 根据实验现象，判断所测的溶液是左旋溶液还是右旋溶液？

（沈金洲）

实验二十七 光敏电阻特性研究

光敏电阻是利用物体的导电率会随着外加光照的影响而改变的性质而制作的一种特殊电阻，本实验主要研究不同光照、不同外加电压条件下光敏电阻中通过的光电流的变化规律,从而加深对光敏电阻这种特殊电阻基本特性的了解。

一、实验目的

(1) 了解内光效应。

(2) 通过实验掌握光敏电阻的工作原理和基本特性及测量方法。

二、实验原理

光照下物体的导电率发生改变的现象称为**内光效应**(光导效应),光敏电阻是基于内光效应的光电元件。当内光效应发生时,固体材料吸收的能量使部分价带电子迁移到导带,同时在价带中留下空穴。由于材料中载流子数目增加,材料的电导率增加,电导率的改变量为

$$\Delta\sigma = \Delta p e \mu_p + \Delta n e \mu_n \tag{3-16}$$

式中,e 为电子电荷量;Δp 为空穴浓度的改变量;Δn 为电子浓度的改变量;μ_p 为空穴的迁移率;μ_n 为电子迁移率。

当光敏电阻两端加上电压 U 后,光电流为

$$I_{ph} = \frac{A}{d}\Delta\sigma U \tag{3-17}$$

式中,A 为与电流垂直的截面积;d 为电极间的距离。由式(3-16)和式(3-17)可知,光照一定时,光敏电阻两端所加电压与光电流呈线性关系,呈电阻特性。该直线经过零点,其斜率可反映在该光照下的阻值状态。

光敏电阻的主要参量有暗电阻、亮电阻、光谱范围、峰值波长和时间常量等。基本特性有伏安特性、光照特性、光谱特性等。伏安特性是指在一定照度下,加在光敏电阻两端的电压和光电流之间的关系;光照特性是指在一定外加电压下,光敏电阻的光电流与光通量的关系。本实验受条件限制,只进行伏安特性和光照特性的测量。

三、实验仪器

装置示意图如图 3-24 所示。使用说明如下:

(1) 实验采用装置 1 得到白色光源。

(2) 通过聚光镜 2 使由光源 1 发出的白光变成平行光出射。

(3) 使用偏振器 3 调节出射光强。偏振器由一对偏振片组成,通过改变偏振片间的夹角 α 来调节出射光强。其数学表达式为 $I = I_0\cos^2\alpha$。

(4) 通过聚光镜 4 使出射光会聚,使之高效地照射到接收器 5 的光敏电阻上。

(5) 光敏电阻位于接收器 5 内,避免散光影响。

四、实验内容与要求

(1) 调节各元件到同轴等高状态,并将聚光镜 2 和聚光镜 4 调节至合适位置。

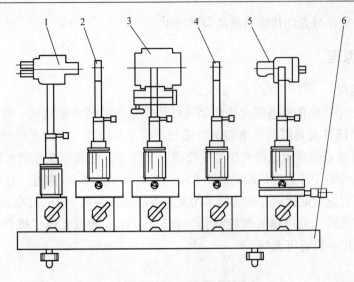

图 3-24　实验装置图

1—白色光源　2—聚光镜　3—偏振器　4—聚光镜　5—接收器　6—实验台

（2）伏安特性的测量。测定在不同光照下光电流 I_{ph} 随电压 U 的变化，用坐标纸绘出光敏电阻的伏安特性曲线并对曲线进行说明。

（3）光照特性的测量。测定在不同外加电压 U 下，光电流 I_{ph} 随光照的变化，用坐标纸绘出光敏电阻的光照特性曲线并对曲线进行说明。

五、思考题

1. 具体说明光敏电阻有哪些性质？具体有哪些应用？

2. 实验中要求调节各元件到同轴等高状态，若调节失误，未达到等高状态，对实验结果将有何影响？

3. 试把光敏电阻的工作原理和光电效应作比较，分析两种现象的异同点。

（熊　伟）

实验二十八　光纤音频信号传输技术

随着网络时代的到来，人们对数据通信带宽的要求越来越高。光纤通信具有宽频带、高速、抗干扰等优点，正在得到不断发展和应用。音频信号光纤传输实验就是让学生熟悉和了解信号光纤传输的基本原理。

一、实验目的

（1）了解音频信号光纤传输系统的结构及选配各主要部件的原则。

（2）熟悉半导体电光/光电器件的基本性能及其主要特性的测试方法。

（3）训练音频信号光纤传输系统的调试技术。

二、实验原理

1. 系统的组成

图 3-25 为一个音频信号直接光强调制光纤传输系统的结构原理图，它主要包括由半导体发光二极管 LED 及其调制驱动电路组成的光信号发送器、传输光纤和由光电二极管 PD、前置电路及功放电路组成的光信号接收器三个部分。组成该系统的光源 LED 的发光中心波长必须在传输光纤呈现低损耗的 $0.85\mu m, 1.3\mu m$ 或 $1.6\mu m$ 附近，光电检测器件 PD 的峰值响应波长也应与此接近。本实验采用发光中心波长为 $0.84\mu m$ 的高亮度近红外半导体发光二极管作光源，采用峰值响应波长为 $0.8 \sim 0.9\mu m$ 的硅光电二极管作光电检测元件，传输光纤采用多模石英光纤。

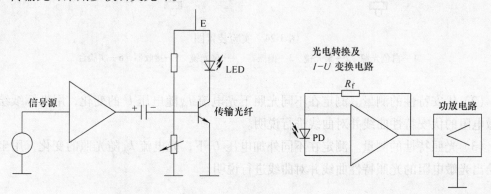

图 3-25　音频信号直接光强调制光纤传输系统的结构原理图

为了避免或减少谐波失真，要求整个传输系统的频带宽度要能覆盖被传信号的频谱范围。对于语音信号，其频谱在 $20Hz \sim 20kHz$ 的范围内。由于光导纤维对光信号具有很宽的频带，故在音频范围内，整个系统的频带宽度主要决定于发送端调制放大电路和接收端功放电路的频谱特性。

2. 半导体发光二极管的结构及工作原理

光纤通信系统中对光源器件在发光波长、电光效率、工作寿命、光谱宽度和调制性能等许多方面均有特殊要求，所以不是随便哪种光源器件都能胜任光纤通信任务。目前在以上各个方面都能较好满足要求的光源器件主要有半导体发光二极管 LED 和半导体激光器 LD。

光纤传输系统中常用的半导体发光二极管是一个如图 3-26 所示 N-P-P 三层结构的半导体器件，中间层通常是由直接带隙的 GaAs（砷化镓）的 P 型半导体材料组成，称为有源层，其带隙宽度较窄，两侧分别由 AlGaAs 的 N 型和 P 型半导体材料组成，与有源层相比，它们都具有较宽的带隙。具有不同带隙宽度的两种半导体单晶之间的结构称为异质结，在图 3-26 中，有源层与左侧的 N 层之间形成的是 P-N 异质结，而与右侧 P 层之间形成的是 P-P 异质结，故这种结构又称 N-P-P 双异质结构，简称 DH 结构。当给这种结构加上正向偏压时，就能使 N 层向有源层注入导电电子，这些导电电子一旦进入有源层后，因受到右边 P-P 异质结的阻挡作用不能再进入右侧的 P 层，它们只能被限制在有源层内与空穴复合。导电电子在有源层与空穴复合的过程中，其中有不少电子要释放出能量满足以下关系的光子：

$$h\nu = E_1 - E_2 = E_g \tag{3-18}$$

式中，h 是普朗克常量；ν 是光波的频率；E_1 是有源层内导电电子的能量；E_2 是导电电子与空穴复合后处于价健束缚状态时的能量。两者的差值 E_g 与 DH 结构中各层材料及其组分的选取等多种因素有关，制作 LED 时只要这些材料的选取和组分的控制适当，就可使得 LED 的发光中心波长与传输光纤的低损耗波长一致。

光纤通信系统中使用的半导体发光二极管的光功率是经称为尾纤的光导纤维输出的，出纤光的功率与 LED 驱动电流的关系称为 LED 的电光特性。为了避免和减少非线性失真，使用时应先给 LED 一个适当的偏置电流 I，其值等于这一特性曲线线性部分的中点对应的电流值，而调制信号的峰

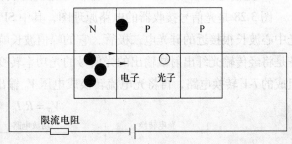

图 3-26 N-P-P 三层结构的半导体器件

峰值应位于电光特性的直线范围内，对于非线性失真要求不高的情况下，也可将偏量电流选为 LED 极大允许工作电流的一半，这样可使 LED 获得无截止畸变幅度最大的调制，这有利于信号的远距离传输。

3. LED 的驱动及调制电路

音频信号光纤传输系统发送端 LED 的驱动及调制电路如图 3-27 所示。

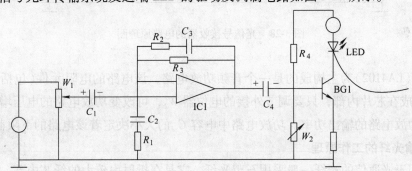

图 3-27 LED 的驱动及调制电路图

以 BG1 为主组成的电路是 LED 的驱动电路，调节这一电路中的 W_2 可使 LED 的偏置电流在 0～100mA 的范围内变化。被传音频信号经由 IC1 组成的音频放大电路放大后再经电容器 C_4 耦合到 BG1 的基极，对 LED 的工作电流进行调制，从而使 LED 发送出光强随音频信号变化的光信号，并经光导纤维将这一信号传至接收端。

根据运放电路理论，图 3-27 中音频放大电路的闭环增益为

$$G(j\omega) = 1 + \frac{Z_2}{Z_1} \tag{3-19}$$

式中，Z_2，Z_1 分别为放大器的反馈阻抗和反相输入端的接地阻抗，只要 C_3 选得足够小，C_2 选得足够大，则在要求带宽的中频范围内，C_3 的阻抗很大，它所在支路可视为开路，而 C_2 的阻抗很小，它可视为短路。在此情况下，放大电路的闭环增益为

$$G(j\omega) = 1 + \frac{R_3}{R_1}$$

C_3 的大小决定着高频端的截止频率 f_2，而 C_2 的值决定着低频端的截止频率 f_1。故该电路中的 R_1，R_3，R_4 和 C_2，C_3 是决定音频放大电路增益和带宽的几个重要参数。

4. 光信号接收器

图 3-28 是光信号接收器的电路原理图，其中 SPD 是峰值响应波长与发送端 LED 光源发光中心波长很接近的硅光电二极管，它的峰值波长响应度为 $0.25 \sim 0.5(\mu A/\mu W)$，SPD 的任务是将经传输光纤出射端输出的光信号的光功率转变为与之成正比的光电流 I_0，然后经 IC1 组成的 $I\text{-}V$ 转换电路，再将光电流转换成电压 V_0 输出，V_0 与 I_0 之间具有以下比例关系：

$$V_0 = R_f I_0 \tag{3-20}$$

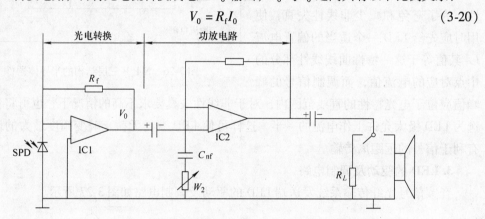

图 3-28　光信号接收器的电路原理图

以 IC2（LA4102）为主构成的是一个音频功放电路，该电路的电阻元件（包括反馈电阻在内）均集成在芯片内部，只要调节外接的电位器 W_2，可改变功放电路的电压增益，从而可以改变功放电路的输出功率。功放电路中电容 C_{nf} 的大小决定着该电路的下限截止频率。

5. 传输光纤的工作原理

目前用于光通信的光纤一般采用石英光纤，它是在折射率较大的纤芯内部，覆上一层折射率较小的包层。光由于在纤芯与包层的界面上发生全反射而被限制在纤芯内传播。光纤实际上是一种介质波导，光被闭锁在光纤内，只能沿光纤传输，光纤的芯径一般从几微米至几百微米，按照光的传输模式可分为多模光纤和单模光纤，按照光纤折射率的分布方式不同可以分为折射率阶跃型光纤和折射率渐变型光纤。折射率阶跃型光纤包含两种圆对称的同轴介质，两者都质地均匀，但折射率不同，外一层折射率低于内层折射率。梯度折射率光纤是一种折射率沿光纤横截面渐变的光纤，这样改变折射率的目的是使各种模传播的群速相近，从而减小模色散，增加通信带宽。多模折射率阶跃型光纤由于各模传输的群速度不同而产生模间色散，传输的带宽受到限制。多模折射率渐变型光纤由于其折射率的

特殊分布使各模传输的群速度一样，从而增加信号传输的带宽，单模光纤是只传输单种光模式的光纤。单模光纤可传输信号带宽最高，目前长距离光通信大都采用单模光纤。

三、实验仪器

TKGT-1 型音频信号光纤传输实验仪，信号发生器，双踪示波器。

四、实验内容与要求

1. 光纤传输系统静态电光/光电传输特性的测定

分别打开发送端的电源和光接收端的电源，面板上两个三位半数字表头分别显示发送光驱动强度和接收光强度。调节发送光强度电位器，每隔 200 单位（相当于改变发光管驱动电流 2mA）分别记录发送光的驱动强度数据与接收光强度数据，在方格纸上绘制静态电光/光电传输特性曲线。

2. 光纤传输系统频响的测定

将输入选择开关打向外，在音频输入接口上从信号发生器输入正弦波，将双踪示波器的通道 1 和通道 2 分别接到输入正弦信号和发送端音频信号输出端，保持输入信号的幅度不变，调节信号发生器频率，记录信号变化时输出端信号幅度的变化，分别测定系统的低频和高频截止频率。

3. LED 偏置电流与无失真最大信号调制幅度的关系测定

将从信号发生器输入的正弦波频率设定在 1kHz，输入信号幅度调节电位器置于最大位置，然后在 LED 偏置电流为 5mA 和 10mA 两种情况下，调节信号源输出幅度，使其从零开始增加，同时在接收信号输出处观察波形变化，直到波形出现截止现象时，记录下电压波形的峰峰值，由此确定 LED 在不同偏置电流下光功率的最大调制幅度。

4. 多种波形光纤传输实验

分别将方波信号和三角波信号输入音频接口，改变输入频率，从接收端观察输出波形的变化情况，在数字光纤传输系统中往往采用方波来传输数字信号。

5. 音频信号光纤传输实验

将输入选择打向内，调节发送光强度电位器改变发送端 LED 的静态偏置电流，按下内音频信号的触发按钮，观察在接收端听到的语音片音乐声，考察当 LED 的静态偏置电流小于多少时，音频传输信号发生明显失真，分析其原因，并同时在示波器中分析观察语音信号波形变化情况。

五、思考题

1. 本实验中 LED 偏置电流是如何影响信号传输质量的？
2. 本实验中光传输系统的哪几个环节引起光信号的衰减？
3. 光传输系统中如何合理选择光源与探测器？
4. 光电二极管在工作时应该是正偏压还是负偏压，为什么？
5. 在 LED 偏置电流一定情况下，当调制信号幅度较小时，LED 偏置电流的毫安表读数与调制信号幅度无关，当调制信号的幅度增加到某一程度后，毫安表读数将随着调制信号的幅度而变化，为什么？

6. 若传输光纤对于本实验所采用 LED 的中心波长的损耗系统 $\alpha \leqslant 1\left(\dfrac{dB}{km}\right)$，根据实验数据估算，本实验系统的传输距离还能延伸多远？$\left[\right.$光纤损耗系数 α 的定义为：$\alpha = \dfrac{10\lg\dfrac{P_{in}}{P_{out}}}{L}$，单位为 $\dfrac{dB}{km}$，式中，P_{in} 为光纤输入功率；P_{out} 为光纤输出功率；L 为光纤长度。$\left.\right]$

（杨先卫）

实验二十九　非线性电路研究混沌现象

混沌研究是 20 世纪物理学的重大事件。长期以来，物理学用两类体系描述物质世界：以经典力学为核心的确定论描述一幅确定的物质及其运动图像，过去、现在和未来都按照确定的方式稳定而有序地运行；统计物理和量子力学的创立，提出了大量微观粒子运动的随机性，它们遵循统计规律，因为大多数的复杂系统是随机和无序的，只能用概率论方法得到某些统计结果。混沌（chaos）的英文意思是混乱的，无序。混沌研究最先起源于洛伦茨研究天气预报时用到的三个动力学方程。后来的研究表明，无论是复杂系统，如气象系统、太阳系等，还是简单系统，如钟摆、滴水龙头等，皆因存在着内在随机性而出现类似无轨，但实际上是非周期的有序运动，即混沌现象。现在混沌研究涉及的领域包括数学、物理学、生物学、化学、天文学、经济学及工程技术的众多学科，并对这些学科的发展产生了深远影响。本实验将引导学生建立一个非线性电路，从实验上对混沌现象进行探讨。

一、实验目的

（1）了解混沌的一些基本概念。
（2）测量有源非线性电阻的伏安特性。
（3）通过研究一个简单的非线性电路，了解混沌现象及其产生的原因。

二、实验原理

实验所用电路原理图如图 3-29 所示。电路中电感 L 和电容 C_1，C_2 并联构成一个振荡电路；R 是一有源非线性负阻元件；电感 L 和电容器 C_2 组成一个损耗可以忽略的谐振回路；可变电阻 R_0 和电容器 C_1 串联将振荡器产生的正弦信号移相输出。电路的非线性动力学方程如下：

$$\begin{cases} C_2 = \dfrac{\mathrm{d}U_{C_2}}{\mathrm{d}t} = G(U_{C_1} - U_{C_2}) + i_L \\[3mm] C_1 = \dfrac{\mathrm{d}U_{C_1}}{\mathrm{d}t} = G(U_{C_2} - U_{C_1}) - gU_{C_1} \\[3mm] L \dfrac{\mathrm{d}i_L}{\mathrm{d}t} = - U_{C_2} \end{cases} \tag{3-21}$$

式中，U_{C_1}，U_{C_2}是电容 C_1，C_2 上的电压；i_L 是电感 L 上的电流；$G = \dfrac{1}{R_0}$ 是电导；g 为 R 的伏安特性函数。

如果 R 是线性的，g 是常数，电路就是一般的振荡电路，得到的解是正弦函数。电阻 R_0 的作用是调节 C_1 和 C_2 的相位差，将 C_1 和 C_2 两端的电压分别输入到示波器的 X 轴和 Y 轴，则显示的图形是椭圆。

如果 R 是非线性的，它的伏安特性如图 3-30 所示。由于加在此元件上的电压增加时，通过它的电流却减小，因而此元件称为非线性负阻元件。本实验所用的非线性元件 R 是一个三段分段线性元件。

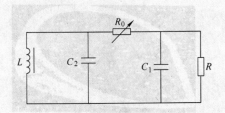

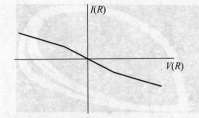

图 3-29　电路原理图　　　　　　图 3-30　非线性元件 R 的 $V\text{-}I$ 特性

若用计算机编程进行数值计算，当取适当的电路参数时，可在显示屏上观察到模拟实验的混沌现象。

除了计算机数学模拟方法之外，更直接的方法是用示波器来观察混沌现象，实验电路如图 3-31 所示。图中，非线性电阻是电路的关键，它是通过一个双运算放大器和 6 个电阻组合来实现的。电路中，LC 并联构成振荡电路，R_0 的作用是分相，使 A,B 两处输入示波器的信号产生位相差，可得到 x,y 两个信号的合成图形。双运放 LF353 的前级和后级正、负反馈同时存在，正反馈的强弱与比值 $\dfrac{R_3}{R_0}$，$\dfrac{R_6}{R_0}$有关，负反馈的强弱与比值 $\dfrac{R_2}{R_1}$，$\dfrac{R_5}{R_4}$有关。当正反馈大于负反馈时，振荡电路才能维持振荡。若调节 R_0，正反馈就发生变化，LF353 处于振荡状态，表现出非线性。从 C,D 两点看，TL082 与 6 个电阻等效于一个非线性电阻，它的伏安特性大致如图 3-30 所示。

混沌现象表现了非周期有序性，看起来似乎是无序状态，但呈现一定的统计规律（见图 3-32），其基本判据如下：

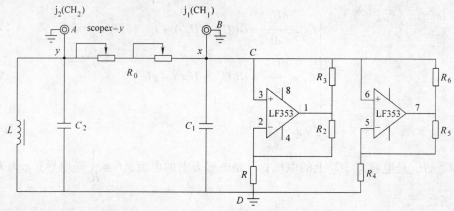

图 3-31　实验电路图

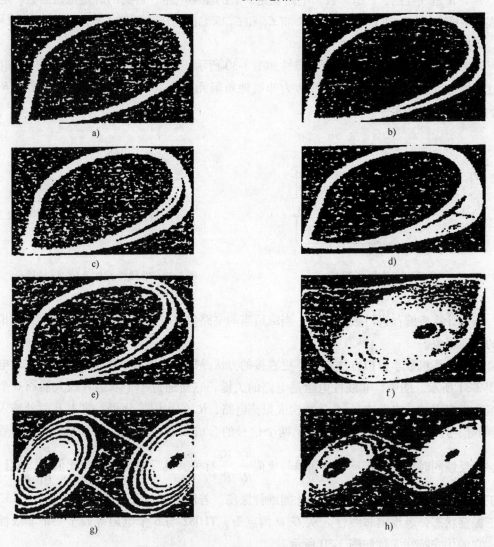

图 3-32　倍周期分岔系列照片

a)一倍周期　b)两倍周期　c)四倍周期　d)阵发混沌　e)三倍周期

f)奇异吸引子　g)双吸引子(1)　h)双吸引子(2)

（1）频谱分析。R_0 很小时，系统只有一个稳定的状态（对应一个解），随 R_0 的变化系统由一个稳定状态变成在两个稳定状态之间跳跃（两个解），即由一周期变为二周期，进而两个稳定状态分裂为 4 个稳定状态（四周期，四个解），8 个稳定状态（八周期，八个解）……直至分裂进入无穷周期，即为连续频谱，接着进入混沌，系统的状态无法确定。分岔是进入混沌的途径。

（2）无穷周期后，由于产生轨道排斥，系统出现局部不稳定。

（3）奇异吸引子存在。奇异吸引子有一个复杂但明确的边界，这个边界保证了在整体上的稳定，在边界内部具有无穷嵌套的自相似结构，运动是混合和随机的，它对初始条件十分敏感。

三、实验仪器

非线性电路混沌实验仪由四位半电压表（量程 0～20V，分辨率 1mV）、－15～＋15V 稳压电源和非线性电路混沌实验线路板三部分组成。观察倍周期分岔和混沌现象用双踪示波器。测量电感特性会用到信号发生器和电阻箱。

四、实验内容与要求

1. 观测倍周期分岔与混沌现象

按图 3-31 连接电路，调节 R_0 阻值。在示波器上观测图 3-33 所示的 CH_1 和 CH_2 所构成的相图（李萨如图），调节 R_0 电阻值由大至小时，描绘相图周期的分岔混沌现象。将一个环形相图的周期定为 P，那么要求观测并记录 $2P$、$4P$、阵发混沌、$3P$、单吸引子（混沌）、双吸引子（混沌）共 6 个相图和相应的 CH_1 和 CH_2 的两个单独输出的波形。

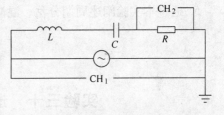

2. 测量一个铁氧体电感器的电感与电流的关系及谐振频率

图 3-33　测量电感的电路

（1）按图 3-33 所示的电路接线。其中电感器 L 由实验者用漆包铜线手工缠绕。可在线框上绕 70～75 圈，然后装上铁氧体磁芯，并将引出漆包线端点上的绝缘漆用刀片刮去，使两端点导电性能良好。也可以用仪器附带的铁氧体电感器。

（2）用串联谐振法测电感器的电感量，将电感器、电阻箱（取 30.00Ω）串联，并与低频信号发生器相接。保持信号发生器的输出电压不变，用示波器测量电阻两端的电压，调节低频信号发生器的正弦波频率，使电阻两端电压达到最大值，此时对应的频率即为谐振频率。依次增大输出电压为 3V,6V,9V,12V,15V，分别测出对应的谐振频率，并计算出对应的电感 $L = \dfrac{1}{4\pi^2 f_0^2 C}$（$C = 0.01\,\text{pF}$），$I = \dfrac{U_{CH_2}}{2\sqrt{2}R}$；作出电感器的电感和电流的关系图。

3. 非线性电路伏安特性的测量

有源非线性负阻元件一般满足"蔡氏电路"的特性曲线。实验中，将电路的 LC 震荡部分与非线性电阻直接断开，图 3-34 所示的伏特表采用其所配置的电表，该表用来测量非线性元件两端的电压。由于非线性电阻是有源的，因此回路中始终有电流流过，R 使用的是电阻箱，其作用是改变非线性元件的对外输出。使用电阻箱可以得到很精确的电阻，尤其可以对电阻值做微小的改变，进而微小地改变输出；R 从 200Ω 逐渐增大至 20 000Ω，依次记录电压的变化，由所记录的数据作出非线性电路的伏安特性曲线。

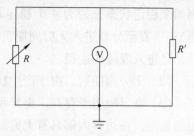

图 3-34　有源非线性电路

五、思考题

1. 分析、讨论你所观察的混沌现象有哪些特征。并列举一些你所了解的混沌现象，以及发生混沌现象的途径。

2. 实验中需自制铁氧体为介质的电感器，该电感器的电感量与哪些因素有关？此电感量可用哪些方法测量？

3. 非线性负阻电路(元件)在本实验中的作用是什么？

4. 为什么要用 RC 移相器，并且用相图来观测倍周期分岔等现象？如果不用移相器，可用哪些仪器或方法？

5. 通过本实验阐述周期分岔、混沌、奇怪吸引子等概念的物理含义。

（熊　伟）

实验三十　透明物质折射率的测定

物质的折射率是重要的光学参量，测定折射率的方法很多。本实验希望学生利用下列给定的仪器设备设计一种测透明液体(水)和固体(三棱镜)折射率的方法，并学会用阿贝折射仪测物质的折射率。

一、实验要求

（1）利用下列所给的仪器，分别设计一种实验方案测出水和一块三棱镜的折射率。

（2）要求写出实验的简要原理和主要步骤，测出结果，并与用阿贝折射仪测出的结果进行比较。

二、实验仪器

分光计，阿贝折射仪，三棱镜两块(其中一块有一个侧面为毛面)，钠光灯。

三、附录：**WZA 型阿贝折射仪使用说明**

1. 仪器用途

阿贝折射仪是能测定透明、半透明液体或固体的折射率 n_D 和平均色散 n_F-n_C 的仪器（其中以测透明液体为主）。例如，仪器上接恒温器，则可测定温度为 $0 \sim 70℃$ 内的折射率 n_D。

折射率和平均色散是物质的重要光学常数之一，能借以了解物质的光学性能、纯度、浓度及色散大小等。本仪器能测出蔗糖溶液内含糖量浓度的百分数（$0\% \sim 95\%$，相当于折射率为 $1.333 \sim 1.531$），故此仪器使用范围甚广，是石油工业、油脂工业、制药工业、制漆工业、食品工业、日用化学工业、制糖工业和地质勘察等有关工厂、学校及有关研究单位不可缺少的常用设备之一。

2. 仪器规格

测量范围（n_D）：$1.300 \sim 1.700$

测量精度（n_D）：± 0.0002

仪器重量：$2.6kg$

仪器尺寸：$100mm \times 200mm \times 240mm$

3. 仪器工作原理

阿贝折射仪的基本原理即为折射定律：

$$n_1 \sin\alpha_1 = n_2 \sin\alpha_2$$

式中，n_1，n_2 为交界面两侧的两种介质之折射率（见图 3-35）；α_1 为入射角；α_2 为折射角。

若光线从光密介质进入光疏介质，入射角小于折射角，改变入射角可以使折射角达到 $90°$，此时的入射角称为临界角，本仪器测定折射率就是基于测定临界角的原理。

如图 3-36 所示，当不同角度的光线射入 AB 面时，其折射角都大于 i。如果用望远镜对出射光线观察，可以看到望远镜视场被分为明暗两部分，二者之间有明显分界线，如图 3-37 所示，明暗分界处即为临界角的位置。

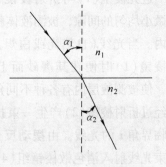

图 3-35　光的折射

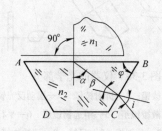

图 3-36　棱镜的折射

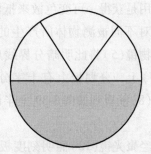

图 3-37　用望远镜观察到的出射光线视场

图 3-36 中 $ABCD$ 为一折射棱镜，其折射率为 n_2，AB 面以上是被测物体（透明固体或液体），其折射率为 n_1。由折射定律，得

$$\begin{cases} n_1\sin 90° = n_2\sin\alpha \\ n_2\sin\beta = \sin i \end{cases} \qquad (3-22)$$

因为 $\varphi = \alpha + \beta$，则 $\alpha = \varphi - \beta$，代入式（3-22），得

$$n_1 = n_2\sin(\varphi - \beta) = n_2(\sin\beta\cos\beta - \cos\varphi\sin\beta) \qquad (3-23)$$

由式（3-22），得

$$n_2^2\sin^2\beta = \sin^2 i, \quad n_2^2(1 - \cos^2\beta) = \sin^2 i$$

$$n_2^2 - n_2^2\cos^2\beta = \sin^2 i, \quad \cos\beta = \sqrt{\frac{n_2^2 - \sin^2 i}{n_2^2}}$$

代入式（3-23），得

$$n_1 = \sin\varphi\sqrt{n_2^2 - \sin^2 i} - \cos\varphi\sin i$$

棱镜的折射角 φ 与折射率 n_2 均已知，当测得临界角 i 时，即可换算得被测物体的折射率 n_1。

4. 仪器结构

仪器结构分为光学部分和结构部分两部分。

仪器的光学部分由望远系统与读数系统两个部分组成，如图 3-38 所示。

进光棱镜（1）与折射棱镜（2）之间有一微小均匀的间隙，被测液体就放在此空隙内。当光线（自然光或白炽光）射入进光棱镜（1）时便在其磨砂面上产生漫反射，使被测液层内有各种不同角度的入射光经过折射棱镜（2）产生一束折射角均大于临界角 i 的光线。由摆动反光镜（3）将此束光线射入消色散棱镜组（4），此消色散棱镜组是由一对等色散阿米西棱镜组成，其作用是获得一可变色散来抵消由于折射棱镜对不同被测物体所产生的色散。再由望远物镜（5）将此明暗分界线成像于分划板（7）上，分划板上有十字分划线，通过目镜（8）能看到如图 3-39 上半部所示的像。

光线经聚光镜（12）照明刻度板（11），刻度板与摆动反光镜（3）连成一体，同时

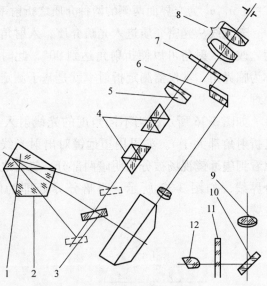

图 3-38　仪器的光学部分

1—进光棱镜　2—折射棱镜　3—摆动反光镜
4—消色散棱镜组　5—望远物镜组　6—平行
棱镜　7—分划板　8—目镜　9—读数物镜
10—反光镜　11—刻度板　12—聚光镜

绕刻度中心作回转运动。通过反光镜(10)、读数物镜(9)、平行棱镜(6)将刻度板上不同部位折射率示值成像于分划板(7)上,如图3-39下半部所示的像。

结构部分如图3-40所示。

底座(14)为仪器的支承座,壳体(17)固定在其上。除棱镜和目镜以外,全部光学组件及主要结构封闭于壳体内部。棱镜组固定于壳体上,由进光棱镜、折射棱镜以及棱镜座等结构组成,两只棱镜分别用特种粘合剂固定在棱镜座内。

进光棱镜座(5)和折射棱镜座(11),由转轴(2)连接,进光棱镜能打开和关闭,当两棱镜座密合并用手轮(10)锁紧时,二棱镜面之间保持一均匀的间隙,被测液体应充满此间隙。恒温器接头(18)、温度计座(13),可用乳胶管与恒温器连接使用。

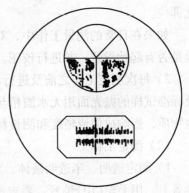

图 3-39 分划板上所成的像

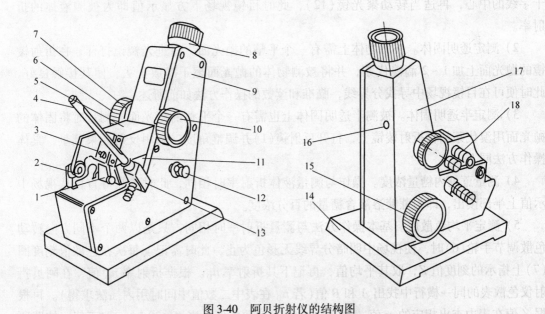

图 3-40 阿贝折射仪的结构图

1—反射镜 2—转轴 3—遮光板 4—温度计 5—进光棱镜座 6—色散调节手轮

7—色散值刻度圈 8—目镜 9—盖板 10—手轮 11—折射棱镜座 12—聚光镜

13—温度计座 14—底座 15—折射率刻度调节手轮 16—小孔

17—壳体 18—四只恒温器接头

5. 使用与操作方法

(1) 准备工作

1) 在开始测定前,必须先用标准试样校对读数。对折射棱镜的抛光面加1~2滴溴代萘,再贴上标准试样的抛光面,当读数视场指示于标准试样上的值时,观察望远镜内明暗分界线是否在十字线中间,若有偏差则用螺钉旋具稍微旋转图3-40上小孔(16)内的螺钉,带动物镜偏摆，使分界线像位移至十字线中心。通过反复地观察与校正使示值的起始误差降至最小（包括操作者的瞄准误差）。校正完毕后，在以后的测定过程中不允许随意再动此部位。

如果在日常的测量工作中，对所测的折射率示值有怀疑，可按上述方法用标准试样检验是否有起始误差，并进行校正。

2）每次测定工作之前及进行示值校准时必须将进光棱镜的毛面、折射棱镜的抛光面及标准试样的抛光面用无水酒精与乙醚（1:1）的混合液和脱脂棉花轻擦干净，以免留有其他物质，影响成像清晰度和测量精度。

（2）测定工作

1）测定透明、半透明液体。将被测液体用干净滴管加在折射棱镜表面，并将进光棱镜盖上，用手轮（10）锁紧，要求液层均匀，充满视场，无气泡，打开遮光板（3），合上反射镜（1），调节目镜视度，使十字线成像清晰，此时旋转手轮（15）并在目镜视场中找到明暗分界线的位置，再旋转手轮（6）使分界线不带任何彩色，微调手轮（15），使分界线位于十字线的中心，再适当转动聚光镜（12），此时目镜视场下方显示值即为被测液体的折射率。

2）测定透明固体。被测物体上需有一个平整的抛光面。将进光棱镜打开，在折射棱镜的抛光面上加 1～2 滴溴代萘，并将被测物体的抛光面擦干净放上去，使其接触良好，此时便可在目镜视场中寻找分界线，瞄准和读数的操作方法如前所述。

3）测定半透明固体。被测半透明固体上也需有一个平整的抛光面。测量时将固体的抛光面用溴代萘粘在折射棱镜上，打开反射镜（1）并调整角度，利用反射光束测量，具体操作方法同上。

4）测量蔗糖内糖量浓度。操作与测量液体折射率时相同，此时读数可直接从视场中示值上半部读出，即为蔗糖溶液含糖量的百分浓度。

5）测定平均色散值。基本操作方法与测量折射率时相同，只是以两个不同方向转动色散调节手轮（6）时，使视场中明暗分界线无彩色为止，此时需记下每次在色散值刻度圈（7）上指示的刻度值 Z，取其平均值，再记下其折射率 n_D。根据折射率 n_D 值，在阿贝折射仪色散表的同一横行中找出 A 和 B 值（若 n_D 在表中二数值中间时用内插法求得）。再根据 Z 值在表中查出相应的 σ 值。当 $Z > 30$ 时 σ 值取负值；当 $Z < 30$ 时 σ 取正值。按照所求出的 A, B, σ 值代入色散公式 $n_F - n_C = A + B\sigma$，就可求出平均色散值（例子看后面）。

6）若需测量在不同温度时的折射率，将温度计旋入温度计座（13）中，接上恒温器的通水管，将恒温器的温度调节到所需测量温度，接通循环水，待温度稳定 10min 后，即可测量。

6. 维护与保养

为了确保仪器的精度，防止损坏，请用户注意维护保养，特提出下列要点以供参考：

（1）仪器应置放于干燥、空气流通的室内，以免光学零件受潮后生霉。

（2）当测试腐蚀性液体时应及时做好清洗工作（包括光学零件、金属零件以及油漆表面),防止侵蚀损坏。仪器使用完毕后必须做好清洁工作,放入箱内,木箱内应存有干燥剂(变色硅胶)以吸收潮气。

(3)被测试样中不应有硬性杂质,当测试固体试样时,应防止将折射棱镜表面拉毛或产生压痕。

(4)经常保持仪器清洁,严禁油手或汗手触及光学零件。若光学零件表面有灰尘可用高级麂皮或长纤维的脱脂棉轻擦后用皮吹风吹去。如光学零件表面沾上了油垢,应及时用酒精乙醚混合液擦干净。

(5)仪器应避免强烈振动或撞击,以防止光学零件损伤及影响精度。

7. 仪器的成套性

阿贝折射仪	一套
专用温度计(带保护套)	一套
标准试样	一块
溴代萘	一瓶
螺钉旋具	一把
使用说明书	一份
出厂证明书	一份

8. 附表

表 3-1 不同温度下蒸馏水的折射率及平均色散数值

温度/℃	折射率 n_D	平均色散 $n_F - n_C$	温度/℃	折射率 n_D	平均色散 $n_F - n_C$
10	1.33369	0.00600	26	1.33240	0.00596
11	1.33364	0.00600	27	1.33229	0.00595
12	1.33358	0.00599	28	1.33217	0.00595
13	1.33352	0.00599	29	1.33206	0.00594
14	1.33346	0.00599	30	1.33194	0.00594
15	1.33339	0.00599	31	1.33182	0.00594
16	1.33331	0.00598	32	1.33170	0.00593
17	1.33324	0.00598	33	1.33157	0.00593
18	1.33316	0.00598	34	1.33144	0.00593
19	1.33307	0.00597	35	1.33117	0.00592
20	1.33299	0.00597	36	1.33117	0.00592
21	1.32290	0.00597	37	1.33104	0.00591
22	1.33280	0.00597	38	1.33090	0.00591
23	1.33271	0.00596	39	1.33075	0.00591
24	1.33261	0.00596	40	1.33061	0.00590
25	1.33250	0.00596			

表3-2　阿贝折射仪色散表

N_D	A	当$\Delta N=0.001$时 A之差数$/\times10^{-6}$	B	当$\Delta N=0.001$时 B之差数$/\times10^{-6}$	Z	σ	当$\Delta Z=0.1$时 σ之差数$/\times10^{-4}$	Z
1.300	0.02494		0.03340		0	1.000		60
		-6		-13			1	
1.310	0.02488		0.03327		1	0.999		59
		-5		-16			4	
1.320	0.02483		0.03311		2	0.995		58
		-5		-16			7	
1.330	0.02478		0.03295		3	0.988		57
		-5		-19			10	
1.340	0.02473		0.03276		4	0.978		56
		-4		-20			12	
1.350	0.02469		0.03256		5	0.966		55
		-5		-21			15	
1.360	0.03464		0.03235		6	0.951		54
		-4		-23			17	
1.370	0.02460		0.03212		7	0.934		53
		-4		-25			20	
1.380	0.02456		0.03187		8	0.914		52
		-4		-26			23	
1.390	0.02452		0.03161		9	0.891		51
		-4		-28			25	
1.400	0.02448		0.03133		10	0.866		50
		-3		-29			27	
1.410	0.02445		0.03104		11	0.839		49
		-4		-31			30	
1.420	0.02441		0.03073		12	0.809		48
		-3		-33			32	
1.430	0.02438		0.03040		13	0.777		47
		-3		-34			34	
1.440	0.02435		0.03006		14	0.743		46
		-3		-36			36	
1.450	0.02432		0.02970		15	0.707		45
		-3		-38			38	
1.460	0.02429		0.02932		16	0.669		44
		-2		-40			40	
1.470	0.02427		0.02892		17	0.629		43
		-2		-41			41	
1.480	0.02425		0.02851		18	0.588		42
		-2		-43			43	
1.490	0.02423		0.02808		19	0.545		41
		-2		-46			45	
1.500	0.02421		0.02762		20	0.500		40
		-1		-47			46	
1.510	0.02420		0.02715		21	0.454		39
		-1		-50			47	
1.520	0.02419		0.02665		22	0.407		38
		-1		-51			49	
1.530	0.02418		0.02614		23	0.358		37
		0		-54			49	
1.540	0.02418		0.02560		24	0.309		36
		0		-56			50	
1.550	0.02418		0.02504		25	0.259		35
		0		-59			51	
1.560	0.02418		0.02445		26	0.208		34
		0		-61			52	
1.570	0.02418		0.02384		27	0.156		33
		1		-64			52	
1.580	0.02419		0.02320		28	0.104		32
		2		-67			52	
1.590	0.02421		0.02253		29	0.052		31
		2		-70			52	
1.600	0.02423		0.02183		30	0.000		30
		2		-73				
1.610	0.02425		0.02110					
		3		-77				
1.620	0.02428		0.02033					
		4		-80				
1.630	0.02432		0.01953					
		5		-85				
1.640	0.02437		0.01868					
		5		-89				
1.650	0.02442		0.01779					
		6		-95				
1.660	0.02448		0.01684					
		8		-100				
1.670	0.02456		0.01584					
		9		-107				
1.680	0.02465		0.01477					
		10		-114				
1.690	0.02475		0.01363					
		13		-124				
1.700	0.02488		0.01239					

注：折射棱镜色散角 $\varphi=62°$，阿米西棱镜最大角色散 $2K=183.62'$，折射棱镜的折射率 $n_D=1.7547$，折射棱镜的平均色散 $n_F-n_C=0.02738$。

以测定蒸馏水的平均色散为例：在温度为 20℃时，$n_D = 1.3330$，色散值刻度圈上的读数为

按某一方面旋转　41.7　41.6　41.6　41.6　41.7

按相反方向旋转　41.5　41.6　41.6　41.7　41.6

平均值为 41.64，总平均值为 $Z = 41.62$。从色散表中查出：当 $n_D = 1.3330$ 时，$A = 0.024768$，$B = 0.032893$；当 $Z = 41.62$ 时，$\sigma = -0.5716$（因 Z 值大于 30，σ 取负值）。故

$$n_F - n_C = A + B\sigma = 0.024768 - 0.032893 \times 0.5716 = 0.00597$$

（沈金洲）

实验三十一　用金属箔式电阻应变片做非平衡电桥的应用

传感器技术在现代科技领域中处于十分重要的地位。传感器一般处于被研究对象与测控系统之间的接口位置，生产和科研过程中的信息要靠它转化成容易传输和处理的电信号，因此，它具有十分重要的作用。了解和掌握一些基本的传感器技术对每个科技工作者来说是十分必要的。本实验仅通过金属箔式电阻应变片的一种实际应用使学生对传感器有一个初步了解。

一、实验目的

（1）了解金属箔式电阻应变片的结构和工作原理。

（2）进一步熟悉非平衡电桥的输出灵敏度特性。

（3）掌握一种电子秤的工作原理。

二、实验原理

传感器是将各种非电量(包括物理量、化学量、生物量)按一定规律转换成便于处理和传输的另一种量(一般为电学量)的装置。它一般由敏感元件、转换元件和测量电路三部分组成。传感器的种类很多，按测量原理来分，主要有电位器式、应变式传感器、电感式、电容式、差动变压器式、电涡流式传感器；还有半导体力敏、热敏、光敏、磁敏、气敏等多种形式的传感器。传感器技术在现代工业中应用十分广泛。本实验仅对金属箔式电阻应变式传感器作为非平衡电桥的一种应用进行研究。

1. 金属箔式电阻应变片的结构与工作原理

应变式电阻传感器的核心元件是电阻应变计，它能将机械物件上应变的变化转换成电阻值的变化。通过对电阻值变化量的测量即可得知机械构件的应变情况，从而可以求出引起该变化的物理量的大小。其结构如图 3-41 所示。排成网状的高阻金属丝、栅状金属箔或半导体片构成的敏感栅，用合适的粘合剂贴在绝缘的基片 2 上，敏感栅上贴有保护片 3。栅丝较细，一般为 0.015 ~ 0.06mm(或厚度为 0.003 ~ 0.010mm 的金属箔)，其两端焊

有较粗(0.1~0.2mm)的低阻铜丝 4 作为与电路相连的引线。

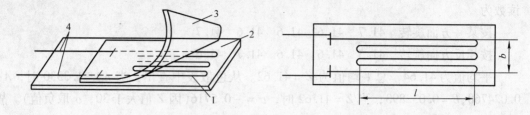

图 3-41　电阻丝应变片结构示意图
1—电阻丝　2—基片　3—覆盖层　4—引出线

　　使用时，选择合适的粘合剂将应变计贴在被测试件表面。试件形变引起敏感栅变形，于是其阻值发生变化，通过测量电路可将敏感栅的阻值变化转换为电压或电流的变化。如果将两片相同的应变计粘贴在平行梁上同一位置的正、反两面，则该平行梁形变所引起的两片应变计的电阻变化刚好相反，即 $\Delta R_{上} = -\Delta R_{下}$。

　　对于一根长为 L_1、截面积为 S(直径为 d)、电阻率为 ρ 的金属丝，其电阻 R 为

$$R = \rho \frac{L}{S} \tag{3-24}$$

两边取对数，再微分，得

$$\frac{dR}{R} = \frac{d\rho}{\rho} + \frac{dL}{L} - \frac{dS}{S}$$

即 $\left(\text{将 } S = \dfrac{\pi d^2}{4} \text{代入上式，并将微分写成增量}\right)$

$$\frac{\Delta R}{R} = \frac{\Delta \rho}{\rho} + \frac{\Delta L}{L} - 2\frac{\Delta d}{d}$$

　　由材料力学知，在弹性范围内金属丝沿长度方向伸长时，横向尺寸缩小，反之亦然。即纵向应变 ε_x 与径向应变 ε_r 存在下列关系：

$$\varepsilon_r = -\mu\varepsilon_x \tag{3-25}$$

式中，μ 为材料的泊松比。于是 $\left(\text{取} \dfrac{\Delta L}{L} = \varepsilon_x, \quad \dfrac{\Delta d}{d} = \varepsilon_r\right)$

$$\frac{\Delta R}{R} = \frac{\Delta \rho}{\rho} + \varepsilon_x + 2\mu\varepsilon_x = (1 + 2\mu)\varepsilon_x + \frac{\Delta \rho}{\rho} \tag{3-26}$$

　　可见，电阻丝的电阻变化由两部分组成：一是材料的几何形变引起的，即应变效应；二是电阻率的变化引起的，即压阻效应。对于金属材料，应变效应是主要的，其灵敏度 $K_0 = 1 + 2\mu(1.5 \sim 2.0)$。对于半导体材料，压阻效应是主要的。后者虽然制造工艺较前者复杂，但灵敏度比前者约大 50~100 倍，甚至可以不用放大器而直接由电压表或示波器显

示测量结果。

对于金属材料，式(3-26)进一步可写成

$$\frac{\Delta R}{R} = K_S \varepsilon_x \tag{3-27}$$

式中，K_S 对于一种金属材料在一定应变范围内为一常数。可见，金属材料电阻的相对变化在一定范围内与应变成正比。

由于电阻应变片的阻值受环境温度的影响很大，因此在实际中还要采取适当的方法对温度引起的误差进行补偿。由温度变化而引起应变片阻值变化的两个主要因素是：应变片的电阻丝具有一定的温度系数；电阻丝材料与测试材料的线膨胀系数不同。

箔式应变计的线栅是通过光刻、腐蚀等工艺制成很薄的金属薄栅(厚度一般在 $0.003 \sim 0.01\,\mathrm{mm}$)。它比普通丝式应变计的线条要均匀，尺寸控制准确，批量生产时，阻值离散程度小。图 3-42 所示为一种箔式应变计的结构外形。

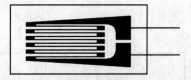

图 3-42 箔式电阻应变计结构

2. 电阻应变式传感器的转换电路

在电阻应变式传感器中，应变计是敏感元件，它将应变量 ε_x 转换成电阻的相对变化 $\frac{\Delta R}{R}$，该量又要经转换元件转换成电量之后，再由测量电路进行测量。电桥就是一种常用的转换测量电路，其基本形式如图 3-43 和图 3-44 所示。

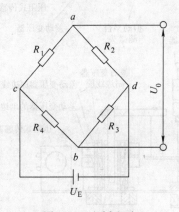

图 3-43 电桥电路

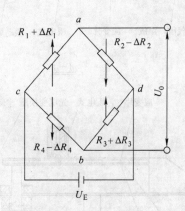

图 3-44 全桥差动电路

由图 3-43 电桥电路的输出电压 U_0 为

$$U_0 = \left(\frac{R_2}{R_1 + R_2} - \frac{R_3}{R_3 + R_4} \right) U_E$$

在预平衡状态下(即 $U_0 = 0$)，各臂电阻满足下式：

$$R_1 R_3 = R_2 R_4$$

通常电阻应变片的检测电路采用非平衡电桥，由非平衡电桥电路的特性（见实验二十四）可知，在采用全桥差动输入的情况下，其输出电压最大，且与电阻的变化成正比（设 $\Delta R_1 = \Delta R_2 = \Delta R_3 = \Delta R_4 = \Delta R$），还可以起到温度补偿的作用，即

$$U_0 = \frac{\Delta R}{R_1} U_E \tag{3-28}$$

三、实验仪器

该实验是在 DH-CG2000 型传感器实验台上进行的。DH-CG2000 型传感实验台的结构及面板示意图如图 3-45 和图 3-46 所示。

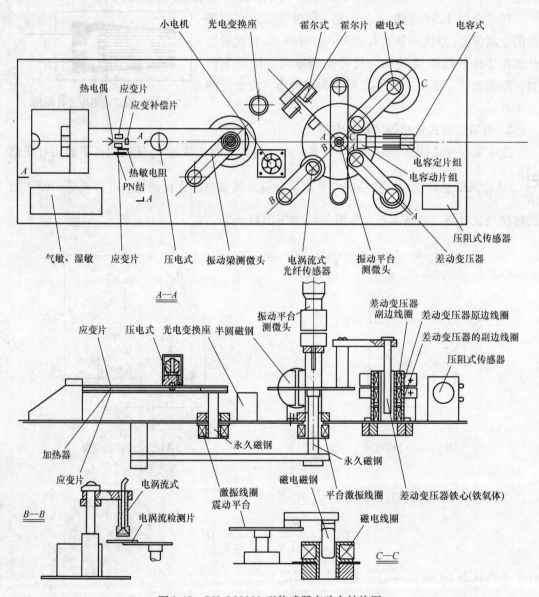

图 3-45　DH-CG2000 型传感器实验台结构图

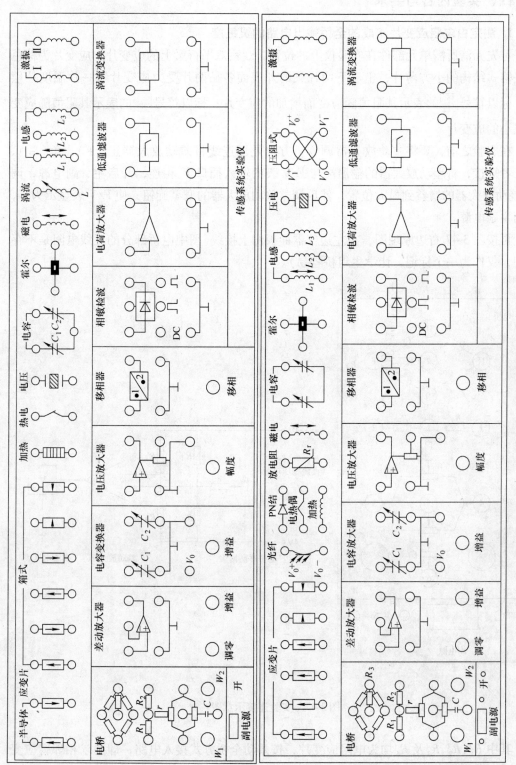

图 3-46 DH-CG 2000 型传感器面板示意图

四、实验内容与要求

1. 测定由电阻应变片组成的全桥输出电路的灵敏度

首先弄清所需单元部件在实验仪上的位置，观察双平行梁上的应变片。应变片为棕色衬底箔式结构的小方薄片，上、下两片梁的外表面各贴两片受力应变片和一片温度补偿片。标以符号 $\boxed{\uparrow}$ 的表示其阻值随应变而增加的应变片；标以符号 $\boxed{\downarrow}$ 的表示其阻值随应变而减小的应变片。

在实验之前，要将差动放大器调零，方法是用连线将差动放大器正（＋）、负（－）、地三者短接，将差动放大器的输出端与 F/V 表的输入插口 V_i 相连，开启主、副电源，调节差动放大器的增益到最大位置，然后调整差动放大器的调零旋钮，使 F/V 表显示为零，关闭主副电源。

再按图 3-47 右边原理图，在左边仪器面板图上接线（图中电桥部分的虚线电阻是不存在的，仅作为一个标记，让学生组桥容易）。

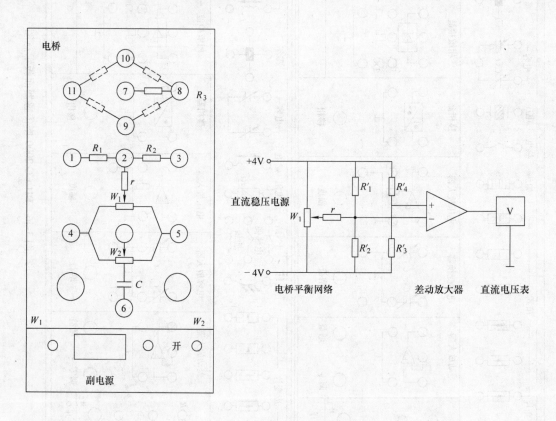

图 3-47　实验连接示意图

其中 R'_1, R'_2, R'_3 及 R'_4 均为电阻应变片，按差动全桥方式接入电路，即要求相邻臂应变片的受力方向相反，而相对臂的受力方向相同。在双平行梁处于自由的情况下，将稳压电

源的切换开关置 ±4V 挡，F/V 表置 20V 挡，开启主、副电源，调节电桥平衡网络中的 W_1，使 F/V 表显示为零。

等待数分钟后，将 F/V 表置 2V 挡，再调电桥 W_1（微调），使 F/V 表显示为零。

完成上述调节之后，即可开始测量。在双平行梁端头的磁铁处放一只铁质圆柱形砝码（每套仪器共有 5 只等重的砝码，每只砝码重 20g），记下此时的电压值，填入表 3-3。再将砝码依次取下，记下相应的电压值，以相应重量下电压的平均值作为该重量下的电压输出值。

表 3-3　加减砝码时电压的测量值

重量/g		20	40	60	80	100
电压/mV	加砝码					
	减砝码					

利用所测数据，作 U-W（输出电压-重量）关系曲线，并由曲线计算出此系统的灵敏度 $S = \dfrac{\Delta U}{\Delta W}$。

2. 测量未知物体的重量 W_x

将一待测物体放在双平行梁中所述放砝码的位置，记下其电压读数 U_x，再由前面求出的灵敏度 S，利用关系：$W_x = U_x / S$，即可求出待测物体的重量。

五、思考题

1. 传感器不受外力作用时，理论上电桥应处于初始平衡状态，但实际测量时，电桥总是有点不平衡，为什么？
2. 传感器的灵敏度与电源电压有何关系？为什么电源电压不能加得太高？
3. 实验中有多次对 F/V 表调零，试说明各次调节的作用是什么？

（沈金洲）

实验三十二　光纤位移传感器的测速应用

由于光纤位移传感器具有电绝缘性、耐腐蚀、抗电磁干扰等诸多方面的优点，因此在许多场合下均有应用。本试验仅研究光纤位移传感器在测定电动机转速上的应用。

反射式光纤位移传感器的工作原理如图 3-48 所示。光纤采用 Y 型结构，两束多模光纤一端合并组成光纤探头，另一端分为两束，分别作为接收光纤和光源光纤，光纤只起传输信号的作用。当光发射器发出的红外光经光源光纤照射至反射体，被反射的光经接收光纤至光电转换元件，光电转换元件将接收到的光信号转换为电信号。其输出的光强决定于反射体距光纤探头的距离，通过对光强的检测而得到位移量。

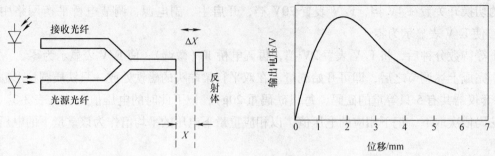

图 3-48 反射式光纤位移传感器原理图及输出特性曲线

一、实验仪器

DH-CG2000 型传感器实验台(其结构参见实验三十一)上的下列部件:电机控制,差动放大器,小电机,F/V 表,光纤位移传感器,直流稳压电源,主、副电源。另配示波器。

二、实验要求

在了解反射式光纤位移传感器工作原理和输出特性的基础上,利用仪器和部件,设计一种测电动机转速的方案,并利用该方案测出电动机的几种不同转速。

三、注意事项

(1)电动机的驱动电源采用直流稳压电源的 +10V 挡。

(2)差放的输出应接到 F/V 表的 V_i 端。

(3)F/V 表置2K 挡时,表上显示的信号频率单位为 kHz;由 F_0 可将输入到 F/V 表内的信号输出到示波器上进行显示。

(4)光纤的输出信号与差放间的连接如图 3-49 所示。

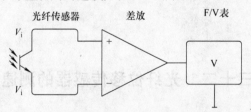

图 3-49 光纤的输出信号与差放间的连接

(沈金洲)

附　录

附录 A　物理学常量表

量	符号、公式	数　　值	不确定度/ (0.000 0001)
光速*	c	299 792 458m·s^{-1}	—
普朗克常量	h	6.626 075 5(40)×10^{-34}J·s	0.60
约化普朗克常量	$\hbar = h/2\pi$	1.054 572 66(6 3)×10^{-34}J·s =6.582 122 0(20)10^{-22}MeV·s	0.60 0.30
电子电荷	e	1.602 177 33(4 9)×10^{-19}C	0.30 0.30
电子质量	m_e	0.510 999 06(1 5)MeV/c^2 9.109 389 7(54)×10^{-31}kg	0.30 0.59
质子质量	m_p	938.272 319(2 8)MeV/c^2 =1.672 623 1(10)×10^{-27}kg =1 836.152 701(37)m_e	0.30 0.59,0.020
氘质量	m_d	1 875.613 39(5 7)MeV/c^2	0.30
真空电容率	ε_0	8.854 187 817…×10^{-12}F·m^{-1}	—
真空磁导率	μ_0	4π×10^{-7}N·A^{-2} =12.566370 614…×10^{-7}N·A^{-2}	—
精细结构常量	$\alpha = e^2/4\pi\varepsilon_0\hbar c$	1/137.035 989 5(61)	0.045
里德伯能量	$hcR_\infty = m_e c^2\alpha^2/2$	13.605 698 1(40)eV	0.30
引力常量	G	6.672 59(8 5)×10^{-11}N·m^2·kg^{-2}	128 128
重量加速度 （纬度45°海平面）	g	9.806 65m·s^{-2}	—
阿伏加德罗常数	N_A	6.022 136 7(36)×10^{23}mol^{-1}	0.59
玻耳兹曼常数	k	1.380 658(12)×10^{-23}J·K^{-1} =8.617 385(73)×10^{-5}eV·K^{-1}	8.5 8.4
斯特藩-玻耳兹曼常量	$\sigma = \pi^2 k^4/60\hbar^3 c^2$	5.670 51(1 9)×10^{-8}W·m^{-2}·K^{-4}	34
玻尔磁子	$\mu_B = e\hbar/2m_e$	5.788 382 63(5 2)×10^{-11}MeV·T^{-1}	0.089
核磁子	$\mu_N = e\hbar/2m_p$	3.152 451 66(2 8)×10^{-14}MeV·T^{-1}	0.089
玻尔半径 （无穷大质量）	$\alpha_\infty = 4\pi\varepsilon_0\hbar^2/m_e e^2$	0.529 177 249(24)×10^{-10}m	0.045

数据来源：The European Physical Journal C，1998(3)：69。

*有关光速的新定义参阅 B W Pettey. Nature，1983(303)：373。

附录 B 中华人民共和国法定计量单位

我国的法定计量单位(以下简称法定单位)包括：

(1) 国际单位制(SI)的基本单位(见表 B1)。

表 B1　国际单位制的基本单位

量的名称	单位名称	单位符号
长度	米	m
质量	千克(公斤)	kg
时间	秒	s
电流	安[培]	A
热力学温度	开[尔文]	K
物质的量	摩[尔]	mol
发光强度	坎[德拉]	cd

注：1. 圆括号中的名称，是它前面的名称的同义词，下同。

2. 无方括号的量的名称与单位名称均为全称。方括号中的字，在不致引起混淆、误解的情况下，可以省略。去掉方括号中的字即为其名称的简称，下同

3. 本标准所称的符号，除特殊指明外，均指我国法定计量单位中所规定的符号以及国际符号，下同。

4. 人民生活和贸易中，质量习惯称为重量。

(2) 国际单位制的辅助单位(见表 B2)。

表 B2　国际单位制的辅助单位

量的名称	单位名称	单位符号
平面角	弧度	rad
立体角	球面度	sr

(3)国际单位制中具有专门名称的导出单位(见表 B3)。

表 B3　国际单位制中具有专门名称的导出单位

量的名称	SI 导出单位		
	名称	称号	用 SI 基本单位和 SI 导出单位表示
频率	赫[兹]	Hz	$1Hz = 1s^{-1}$
力	牛[顿]	N	$1N = 1kg \cdot m/s^2$
压力，压强，应力	帕[斯卡]	Pa	$1Pa = 1N/m^2$
能[量]，功，热量	焦[耳]	J	$1J = 1N \cdot m$
功率，辐[射能]通量	瓦[特]	W	$1W = 1J/s$
电荷[量]	库[仑]	C	$1C = 1A \cdot s$
电压，电动势，电位，(电势)	伏[特]	V	$1V = 1W/A$
电容	法[拉]	F	$1F = 1C/V$
电阻	欧[姆]	Ω	$1\Omega = 1V/A$
电导	西[门子]	S	$1S = 1\Omega^{-1}$
磁通[量]	韦[伯]	Wb	$1Wb = 1V \cdot s$
磁通[量]密度，磁感应强度	特[斯拉]	T	$1T = 1Wb/m^2$

（续）

量的名称	SI 导出单位		
	名称	称号	用 SI 基本单位和 SI 导出单位表示
电感	亨[利]	H	$1H = 1Wb/A$
摄氏温度	摄氏度	℃	$1℃ = 1K$
光通量	流[明]	lm	$1lm = 1cd \cdot sr$
[光]照度	勒[克斯]	lx	$1lx = 1lm/m^2$
[放射性]活度	贝可[勒尔]	Bq	$1Bq = 1s^{-1}$
吸收剂量			
比授[予]能	戈[瑞]	Gy	$1Gy = 1J/kg$
比释动能			
剂量当量	希[沃特]	Sv	$1Sv = 1J/kg$

（4）可与国际单位制并用的我国法定计量单位（见表 B4）。

表 B4　可与国际单位制单位并用的我国法定计量单位

量的名称	单位名称	单位符号	与 SI 单位的关系
时间	分	min	$1min = 60s$
	[小]时	h	$1h = 60min = 3\ 600s$
	日,（天）	d	$1d = 24h = 86\ 400s$
[平面]角	度	°	$1° = (\pi/180)rad$
	[角]分	′	$1′ = (1/60)° = (\pi/10\ 800)rad$
	[角]秒	″	$1″ = (1/60)′ = (\pi/648\ 000)rad$
体积	升	L,（l）	$1L = 1dm^3 = 10^{-3}m^3$
质量	吨	t	$1t = 10^3 kg$
	原子质量单位	u	$1u \approx 1.660\ 540 \times 10^{-27}kg$
旋转速度	转每分	r/min	$1r/min = (1/60)s^{-1}$
长度	海里	n mile	$1n\ mile = 1852m$（只用于航行）
速度	节	km	$1kn = 1n\ mile/h = (1\ 852/3\ 600)m/s$（只用于航行）
能	电子伏	eV	$1eV \approx 1.602\ 177 \times 10^{-19}J$
级差	分贝	dB	
线密度	特[克斯]	tex	$1tex = 10^{-6}kg/m$
面积	公顷	hm^2	$1hm^2 = 10^4 m^2$

注：1. 平面角单位度、分、秒的符号，在组合单位中应采用（°）、（′）、（″）的形式，例如，不用°/s 而用（°）/s。

　　2. 升的符号中，小写的字母 l 为备用符号。

　　3. 公顷的国际通用符号为 ha。

（5）由以上单位构成的组合形式的单位。

（6）由词头和以上单位所构成的十进倍数和分数单位（词头见表 B5）。

法定单位的定义、使用方法等，由国家计量局另行规定。

表 B5　用于构成十进倍数和分数单位的词头

因数	词头名称		符　号
	英　文	中　文	
10^{24}	yotta	尧[它]	Y
10^{21}	zetta	泽[它]	Z
10^{18}	exa	艾[可萨]	E
10^{15}	peta	拍[它]	P
10^{12}	tera	太[拉]	T
10^{9}	giga	吉[咖]	G
10^{6}	mega	兆	M
10^{3}	kilo	千	k
10^{2}	hecto	百	h
10^{1}	deca	十	da
10^{-1}	deci	分	d
10^{-2}	centi	厘	c
10^{-3}	milli	毫	m
10^{-6}	micro	微	μ
10^{-9}	nano	纳[诺]	n
10^{-12}	pico	皮[可]	p
10^{-15}	femto	飞[母托]	f
10^{-18}	atto	阿[托]	a
10^{-21}	zepto	仄[普托]	z
10^{-24}	yocto	幺[科托]	y

参 考 文 献

[1] 刘俊星. 大学物理实验实用教程 [M]. 北京：清华大学出版社，2012.

[2] 王青狮. 大学物理实验学 [M]. 北京：科学出版社，2011.

[3] 吴慎山. 大学物理实验与实践 [M]. 北京：电子工业出版社，2011.

[4] 炎正馨. 大学物理实验教程 [M]. 西安：西北工业大学出版社，2011.

[5] 侯宪春，郭庆龙，储怡. 大学物理实验 [M]. 哈尔滨：哈尔滨工程大学出版社，2011.

[6] 董正超. 大学物理实验 [M]. 苏州：苏州大学出版社，2011.

[7] 徐润君，汪成. 大学物理实验 [M]. 北京：北京邮电大学出版社，2010.

[8] 邢秀文，刘浦财. 大学物理实验 [M]. 北京：北京理工大学出版社，2010.

[9] 周自刚，杨振萍. 新编大学物理实验 [M]. 北京：科学出版社，2010.

[10] 李端勇，张昱. 大学物理实验·提高篇 [M]. 北京：科学出版社，2009.